零基础铝合金门窗
设计与安装
图解教程

筑美设计◎编

中国电力出版社
CHINA ELECTRIC POWER PRESS

内 容 提 要

本书详细讲解铝合金门窗设计、制作、安装方法，依据《铝合金门窗》（GB/T 8478—2020）组织编写，内容严谨全面，数据翔实，具有准确性和权威性。本书内容全面介绍了铝合金门窗的设计、加工工艺、现场生产组织、安装施工等一系列知识，辅以大量图表与现场拍摄的真实案例，帮助读者快速掌握铝合金门窗的设计、制作、安装工艺。本书采用理论与实例相结合的方式编写，可以作为铝合金门窗从业者、创业者阅读，同时可作为大中专院校相关专业教材，还可以作为铝合金门窗行业的技术人员、管理人员、承包商、经销商的参考资料。

图书在版编目（CIP）数据

零基础铝合金门窗设计与安装图解教程／筑美设计编．—北京：中国电力出版社，2024.1
ISBN 978-7-5198-7979-2

Ⅰ．①零… Ⅱ．①筑… Ⅲ．①铝合金－门－造型设计 ②铝合金－窗－造型设计 ③铝合金－门－安装④铝合金－窗－安装 Ⅳ．① TU228 ② TU758.16

中国国家版本馆 CIP 数据核字（2023）第 129290 号

出版发行：中国电力出版社
地　　址：北京市东城区北京站西街 19 号（邮政编码 100005）
网　　址：http://www.cepp.sgcc.com.cn
责任编辑：乐　苑　（010-63412380）
责任校对：黄　蓓　于　维
装帧设计：锋尚设计
责任印制：杨晓东

印　　刷：三河市航远印刷有限公司
版　　次：2024 年 1 月第一版
印　　次：2024 年 1 月北京第一次印刷
开　　本：710 毫米 ×1000 毫米　16 开本
印　　张：13.75
字　　数：201 千字
定　　价：78.00 元

前言

我国传统建筑一直采用木质门窗，自从我国各产业开始强调环保节能，提倡以钢材、铝材替代木材，门窗行业开始发生变化，从木质门窗到钢质门窗，再到塑钢门窗，再到今天的铝合金门窗，门窗行业得到了空前发展。铝合金门窗占据着市场主导地位。

我国的建筑能耗约占社会总能耗的35%，建筑门窗是建筑围护结构的重要组成部分，是建筑物热交换、热传导最活跃的部位。门窗节能是建筑节能中的重要环节，节能效率占建筑节能的40%~50%。

建筑节能是指在建筑物的规划、设计、建造、改造、使用过程中，采用各种节能技术、设备、工艺、材料等，提高建筑采暖、制冷效率与保温隔热性能，优化了建筑设计、建造、使用与管理。建筑节能是我国建筑与铝合金门窗发展的主要趋势，铝合金门窗是目前建筑门窗中的主导产品，其优异的节能技术和良好的保温性能得到了广泛认可。

铝合金门窗的技术难点在于选材与加工，加工设备与工艺的精细度是保障铝合金门窗品质的重要环节，要求生产厂家具有雄厚的资金与技术实力，不断提升产品的质量。此外，后期安装质量与安装人员的技术素养、责任心有很大关系，优质产品还需搭配优质施工人员，安装技术结合了建筑、室内外装饰装修、陈设软装等多个门类。

针对上述情况，本书引用《铝合金门窗》（GB/T 8478—2020）中的规范数据，具有较高实际参考价值。为便于读者思考理解，将本书分为8章，主要内容涉及铝合金门窗设计、原材料采购、安装施工等，辅以大量图表数据、节能门窗加工案例、帮助读者直观理解与掌握铝合金门窗的设计、制作、安装工艺，对于广大铝合金门窗生产企业与从业人员具有较高的实际参考价值。

编者

2023年6月

目录

第1章

铝合金门窗的发展与应用

学习难度　★☆☆☆☆

重点概念　专业术语、特性、应用类型、发展与应用

章节导读　门窗是建筑的重要组成构件，门窗须具备采光、通风、防雨、保温、隔声、防腐等多种功能，同时在视觉上还应具有美感与实用性。在众多门窗材料中，铝合金门窗具有重量轻、强度高、密闭性能好、维修方便、装饰效果好等优点，成为建筑装饰门窗的首选材料。本章节详细介绍铝合金门窗的基础知识，初步了解铝合金门窗的结构特点与未来发展趋势。

↑ 写字楼落地窗

　　铝合金门窗采用铝合金挤压型材为框、梃、扇料制作的门窗，优质铝合金门窗不仅能为建筑带来节能保温、外立面装饰效果，更能满足人们的使用需求。

1.1 基本概念

铝合金门窗简称铝质门窗，是指采用铝合金挤压型材为框、梃、扇料制作的门窗。

1.1.1 铝合金门窗专业术语

《铝合金门窗》（GB/T 8478—2020）标准中的专业术语，适用于手动启闭操作的建筑外墙和室内隔墙用窗和人行门，以及垂直屋顶窗。不适用于天窗、非垂直屋顶窗、卷帘门窗、转门、防火门窗、防爆门窗、逃生门窗、排烟窗、防射线屏蔽门窗等特种门窗。

为了方便阅读，对铝合金门窗设计、制作、安装过程中部分专业术语整理如下。

1. 门

围蔽墙体门洞口，可开启关闭，是供人出入建筑的构造总称。

2. 窗

围蔽墙体中的洞口，可起到通风、采光或观察作用，通常包括窗框和一个或多个窗扇以及五金件，有时还带有换气装置。

3. 门窗

建筑构造中窗与门的总称。

4. 洞口

墙体上为安装门窗而预留的孔洞。

5. 框

安装门窗活动扇和固定扇的构造，在门窗洞口或附框上连接固定门窗杆件的系统构件。

6. 活动扇

安装在门窗框上的可开启或关闭的构件。

7. 待用扇

安装在多扇门或窗中的一扇，当活动扇开启后才能开启的扇。

8. 固定扇

安装在门窗框上不可开启的构件。

9. 主要受力杆件

承受并传递门窗自身重力与水平风荷载等作用力的中横框、中竖框、扇梃、组合门窗拼樘框等型材构件。

10. 铝合金门窗

采用铝合金建筑型材制作框、扇杆件结构的门、窗的总称。

11. 门窗附件

门窗组装用的配件和零件，按产品类别分为五金件、密封材料、紧固件三大类。

12. 主型材

组成门窗框、扇杆件系统的基本构架，用于装配开启扇或玻璃、辅型材、附件的门窗框和扇梃型材，可分为铝材、塑材、木材、空腹钢窗材料等。

13. 辅型材

镶嵌或固定于主型材杆件上的附加型材，起到传力等作用，包括玻璃压条、披水条、披水板、镶板等常用辅材。

14. 门洞净尺寸

经过测量的最终安装尺寸是工厂的制作依据，门洞净尺寸一定要测量精确，避免在安装上有误差。

15. 右内开

人站在门窗的外围，面对门窗，朝内开启，合页在门窗的右边，锁具在门窗的左边。

16. 右外开

人站在门窗的外围，面对门窗，朝外开启，合页在门窗的右边，锁具在门窗的左边。

17. 左外开

人站在门窗的外围，面对门窗，朝外开启，合页在门窗的左边，锁具在门窗的右边。

18. 左内开

人站在门窗的外围，面对门窗，朝内开启，合页在门窗的左边，锁具在门窗的右边。

| （a）右外开 | （b）右内开 | （c）左内开 | （d）左外开 |

↑ 门窗开启方向

1.1.2 门窗框扇的名称

门窗框扇的结构示意如下所示。

门上框　玻璃压条　窗中竖框　固定窗玻璃　门中横框　门扇上框　拼接框　横芯　竖芯　固定窗玻璃　门扇中横梃　镶板　门扇边梃　门边框　门扇下梃　门下框

窗上框　上开窗　窗中竖框　窗扇上梃　窗中横框　固定窗玻璃　窗边框　窗中竖梃　窗扇边梃　平开窗　窗扇下梃　窗下框

↑ 门窗结构示意图

1. 上框

门窗框构架上部的横向杆件。

2. 中横框

门窗框构架中间的横向杆件。

3. 中竖框

门窗框构架中间的竖向杆件。

4. 边框

门窗框构架两侧边部的竖向杆件。

5. 下框

门窗框构架底部的横向杆件。

6. 拼樘框

两樘及两樘以上门之间，或窗与窗之间，或门与窗之间组合时，框构架的横向和竖向之间的连接杆件。

7. 上梃

门窗扇构架上部的横向杆件。

8. 中横梃

门窗扇构架中部的横向构件。

9. 边梃

门窗扇构架两侧边部的竖向杆件。

10. 带勾边梃

当不在一个平面内的两推拉窗扇关闭时，重叠相邻且带有相互配合密封构造的边梃杆件。

11. 封口边梃

附加边梃，在同一平面内两相邻的边梃之间接合密封时所用的型材杆件。

12. 下梃

门窗扇构架底部的横向杆件。

13. 横芯

门窗扇构架横向的玻璃分格条。

14. 竖芯

门窗扇架构的竖向玻璃分格条。

15. 披水条

门窗扇之间、框与扇之间、框与门窗洞口之间等横向缝隙处的挡风和排泄雨水的型材杆件。

16. 玻璃压条

镶嵌固定门窗玻璃的可拆卸杆状件。

1.1.3　门窗命名和标记

1. 命名方法

按门窗用途（外墙用，代号为W；内墙用，代号为N）、功能、系列、品种、产品简称的顺序命名。例如，外墙用普通型50系列平开铝合金门窗，命名代号为：铝合金窗WPT50PLC。

2. 标记方法

门、窗的标记顺序为：产品名称、标准编号、用途代号、类型代号、系列、品种代号、产品名称代号（铝合金门LM；铝合金窗LC）、规格代号、主要性能符号及等级或指标值。

> 注：1. 外门窗可能标记的主要性能符号及等级或指标值：抗风压性能P_3；水密性能ΔP；气密性能q_1/q_2；隔声性能；（R_w+C_{tr}）；保温性能K；隔热性能；SHGC；耐火完整性E。
>
> 　　2. 内门窗可能标记的主要性能符号及等级或指标值：气密性能q_1/q_2—隔声性能；（R_w+C）—保温性能K。

综上所述，按产品的简称、命名代号——尺寸规格型号、物理性能符号与等级或指标值［抗风压性能P_3；水密性能ΔP；气密性能q_1/q_2；隔声性能（R_w+C_{tr}）；保温性能K；隔热性能SHGC；耐火完整性E］、标准代号的顺序进行标记。

↑ 铝合金门窗的标记顺序示意图

3. 标记示例

示例1：外窗、普通型、50系列、滑轴平开、铝合金窗，规格代号为115145，抗风压性能5级，水密性能3级，气密性能7级，其标记为：

铝合金窗　GB/T 8478　WPT50HZPLC–115145–$P_3$5/ΔP_3/$q_1$7

示例2：外门、保温型、70系列、平开、铝合金门，规格代号为085205，抗风压性能6级，水密性能5级，气密性能8级，保温性能K值2.5，其标记为：

铝合金门　GB/T 8478　WBW70PLM–085205–$P_3$6/ΔP_5/$q_1$8/K2.5

示例3：外窗、保温隔热型、80系列、内平开下悬、铝合金窗，规格代号为145145，抗风压性能5级，水密性能4级，气密性能7级，保温性能K值2.5，隔热性能SHGC值0.5，其标记为：

铝合金窗　GB/T 8478　WBWGR80PXLC–145145–$P_3$5/ΔP_4/$q_1$7/K2.5/SHGC0.5

示例4：外窗、耐火型、60系列、平开、铝合金窗，规格代号为115115，抗风压性能4级，水密性能3级，气密性能6级，其标记为：

铝合金窗　GB/T 8478　WNH60PLC–115115–$P_3$4/ΔP_3/$q_1$6

示例5：内门、隔声型、125系列、提升推拉、铝合金门，规格代号为175205，隔声性能（R_w+C）3级，其标记为：

铝合金门　GB/T 8478　NGS125STLM–175205＜（R_w+C）＞3

示例6：内窗、保温型、80系列、推拉、铝合金窗，规格代号175145，保温性能K值2.5，其标记为：

铝合金窗　GB/T 8478　NBW80TLLC–175145–K2.5

示例7：外门、保温耐火型、70系列、平开、铝合金门，规格代号为085205，抗风压性能6级，水密性能5级，气密性能8级，保温性能K值2.5，室外侧耐火完整性E为30min，其标记为：

铝合金门　GB/T 8478　WBWNH70PLM–085205–$P_3$6/ΔP_5/$q_1$8/K2.5/E30（o）

1.2 建筑门窗的应用

铝合金因具备众多优点，在各类民用、商业建筑中都得到广泛使用。

1.2.1 门窗的分类

建筑门窗一般分为：铝合金门窗、塑钢门窗、玻璃钢门窗、实木门窗、塑料门窗等多种，可以根据自身实际需求及喜好来选择。

1. 按材质分类

按材质可以分为木门窗、铝合金门窗、塑钢门窗、彩钢门窗等。

（1）**木门窗**。木材具有低热传导性，保温性能优越，具有自然、温馨、坚实的特点。木门窗需用优质木材与优良工艺制造，价格较高，多用于别墅等高档空间处理。

↑ 现代建筑中的木窗

木窗是最早使用的窗体材料，也是比较传统的窗户构造，现代建筑采用木窗能真实反映出构造纹理，具体形态与常规铝合金一致。

↑ 传统建筑中的木门窗

在我国汉代时期木窗就已发展的相当成熟，方形、长方形、圆形等不同形式的木窗纷纷出现。传统造型的木窗多用于仿古建筑外墙。

（2）**塑钢门窗**。塑钢材料色彩新颖、表面温和、装饰性强。塑钢门窗材料加工制作与铝合金是有一定差别的，需要专业的加工机械，工艺更严格。

↑ 塑钢型材

塑钢型材内部结构虽然与铝合金型材相似，但是其材质强度较低，大尺寸型材容易变形，因而主要用于制作体量较小的门窗构造。

↑ 塑钢门窗

采用的是U-PVC塑料与钢材合成制作的型材，它有着良好的抗风、防水、保温的功能。这种窗还能被回收再利用，绿色环保，使用价值高。

（3）铝合金门窗。铝合金门窗的外观敞亮、坚固耐用，市场占有率高达90%以上，安装密封性能好。

↑ 铝合金型材

铝合金材料的截面具有较高的抗弯强度，做成的门窗耐用、变形小，而其又多是空芯薄壁组合断面，因而质量较轻。

↑ 阳台铝合金阳台窗

铝合金门窗有古铜、金黄、银白等色，铝合金氧化层也不褪色、不掉落，无需涂漆，易于保护。

（4）玻璃钢门窗。轻质高强、耐老化，综合了其他类门窗的优点。玻璃钢门窗既有钢、铝门窗的坚固性，又有塑钢门窗的防腐、保温、节能性能，但是加工成本较高。

↑ 玻璃钢型材

玻璃钢型材边框较粗大，强度足够高，但是在一定程度上影响透光性。

↑ 玻璃钢窗

玻璃钢型材制作的门窗坚固具有自身独特的性能，在阳光直接照射下无膨胀，在寒冷气候下无收缩，轻质高强无需金属加固，耐老化使用，综合性能优秀。

2. 按造型分类

按造型可分为平开门窗、推拉门窗、提拉门窗、折叠门窗、转门窗等。

（1）**平开门窗**。分为内平开和外平开，其密封性能比推拉窗要好，占用空间大。窗体和配件较贵，窗扇也不能做大，因此大规模使用会受到一定限制。

（2）**推拉门窗**。使用最广泛，开启简单，一推一拉即可，持久耐用，价格适中，但推拉门窗也有相应缺点，其密封性不如平开门窗好。

↑ 平开窗

高低层建筑皆适用，且防风性能较好，也可避免占用室内空间。

↑ 推拉窗

推拉窗适用于中低层建筑，开启面积大。

（3）**提拉门窗**。具有优越的节能保温性能及优良的抗风压性能，并且线条美观、视角开阔，框扇包裹且窗扇无外坠之隐患，安全系数高等诸多优点，广泛应用于高层建筑。

（4）**折叠门窗**。折叠门窗开启比较方便，能解决开启空间不足的问题，打开面积大，结构复杂且成本较高，适用于开口面积过小，需要增大通行面积。

↑ **餐厅提拉窗口**

提拉不同于传统内开、外开和普通推拉模式，而是采用上下提拉的开启方式的门窗，适用于宽度较小，需要开启但不能内外开的洞口，且下半部开启频率较高的场所，如营业窗口、餐厅、医院等。

↑ **折叠门窗**

折叠门窗上安装了铰链伸缩机构，能够让窗户尽可能往外靠，两个窗扇竖档间需要安装铰链，让窗扇可以联动打开。

（5）**转门窗**。又分为上悬窗、下悬窗、中悬窗、立转窗、百叶窗等，由于窗的款式相对比门多，因此，在表1-1中以窗为主来介绍转门窗的分类。

表1-1　转窗的构造分类

序号	名称	开启方式	特点	图例
1	上悬窗	上部一边固定，可从窗下推开	通风性好、实用性强、安全性能佳，便于清洁，可避免占用室内空间，雨水也很难进入室内	

序号	名称	开启方式	特点	图例
2	下悬窗	合页分别安装于窗下框与窗下梃相对应的部位上，可沿水平轴向内或向外开启	通风较好，不防雨，仅用于室内亮窗或换气窗	
3	中悬窗	窗轴装在窗扇的左右边梃的中部，其沿水平轴旋转开启	用于楼梯或走道高窗、门上亮窗与工业建筑的侧窗或气窗	
4	立转窗	中心固定，窗户以旋转的方式开启	构造简单，安全可靠，方便擦拭玻璃，密封严实，利于通风、采光	
5	百叶窗	中心固定，窗户以旋转的方式开启	强度增加，成本造价较低，且组装速度快、工期时间短，材料可直接到工地切割，现场组合安装	

3. 按用途分类和代号

门、窗按外围护结构用和内围护结构用，划分为两类：

（1）外门窗，代号为W；

（2）内门窗，代号为N。

建筑外门窗一侧面向室外，另一侧面向室内；而建筑内窗的两侧都面向室内。如果外墙上安装的是双层窗户，室内层就称作内窗，抹灰层称作外窗。

4. 按性能分类和代号

门、窗按主要性能划分的类型及代号见表1–2。

表1-2 门、窗的主要性能类型及代号

类型	普通型		隔声型		保温型		隔热型	保温隔热型	耐火型	备注
代号	PT		GS		BW		GR	BWGR	NH	
主要性能	外门窗	内门窗	外门窗	内门窗	外门窗	内门窗	外门窗	外门窗	外门窗	
抗风压性能	◎	—	◎	—	◎	—	◎	◎	◎	外门窗在风压作用下，不会出现使用功能障碍与损坏
水密性能	◎	—	◎	—	◎	—	◎	◎	◎	外门窗水密性要能达标，否则室外下雨或淋水时会出现渗漏
气密性能	◎	○	◎	◎	◎	◎	◎	◎	◎	几乎所有类型的内外门窗皆要求满足气密性能指标
空气声隔声性能	—	—	◎	◎	◎	○	◎	○	○	空气声隔声性能是评定隔声型门窗隔声效果的重要指标
保温性能	—	—	○	○	◎	◎	—	◎	○	相较内门窗的各项性能指标要更严格
隔热性能	—	—	○	—	—	—	◎	◎	○	外门窗是在隔热型外门窗的基础上，增加了保温性能，其节能环保性更强

类型	普通型		隔声型		保温型		隔热型	保温隔热型	耐火型	备注
代号	PT		GS		BW		GR	BWGR	NH	
主要性能	外门窗	内门窗	外门窗	内门窗	外门窗	内门窗	外门窗	外门窗	外门窗	
耐火完整性	—	—	—	—	—	—	—	—	◎	具有一定的抗风压性能、水密性能、气密性能与耐火完整性等，能够有效阻止火势迅速蔓延，降低火灾损失和人员伤亡

注："◎"为必选性能，"○"为可选性能，"—"为不要求。

1.2.2 铝合金门窗的分类

门窗不仅要具有采光、通风、防雨、保温隔热、隔声、防盗等功能，还要与建筑风格、装饰装修风格相匹配，与建筑、环境相结合，提供安全舒适的使用环境。门窗一般按以下方式划分。

1. 按开启方式划分

（1）平开铝合金门窗。分为内开式和外开式两种，具有开启面积大、通风好、密封性好等特点。

（2）推拉铝合金门窗。在同一平面中开启，占用空间少，安全可靠，使用灵活，寿命长，是目前使用最多的铝合金门窗形式。

（3）上悬式铝合金门窗。在平开门窗的基础上发展出来的新形式，门窗开启时向外推门窗的上部，可以打开一条100～150mm的缝隙。

↑ 内平开窗铝合金窗

内开窗要占用室内部分空间，开窗时使用纱窗、窗帘等也不方便，如质量不过关还可能渗水。

↑ 外开式铝合金窗

外开窗开启时占用墙外的一块空间，窗幅小，视野不开阔，刮大风时容易受损，优点是不占室内空间，清洁方便。

↑ 推拉铝合金窗

这种铝合金门窗的两扇窗扇不能同时打开，最多只能打开一半，通风性与密封性稍差。

↑ 上悬式铝合金窗

上悬式铝合金门窗打开的部分悬在空中，通过铰链等与窗框连接固定。

2. 以型材截面的高度尺寸划分

（1）系列。

以门、窗框在洞口深度方向的厚度构造尺寸（C2）划分，并以其数值表示。

注：1. 门、窗框厚度构造尺寸以其与洞口墙体连接侧的型材截面外缘尺寸确定。

2. 门、窗四周框架的厚度构造尺寸不同时，以其中厚度构造尺寸最大的数值确定。

门窗框厚度构造尺寸按10mm进级为基本系列，基本系列中又按5mm进级插入的数值为辅助系列。当门窗框厚度构造尺寸小于某一基本系列或辅助系列值时，按小于该系列值的前一级标示其产品系列。

示例：门、窗框厚度构造尺寸为70mm时，其产品系列称为70系列。

（2）规格。

以门窗宽、高构造尺寸（B2、A2）的千、百、十位数字前后顺序排列的六位数字表示，无千位数字时以"0"表示。

关于门窗高、宽尺寸，测量前应先从宽或高两端向内各标出100mm间距，并做一记号，然后测量高或宽两端记号间距离，即为检测的实际尺寸。

示例1：门窗的B2、A2分别为1150mm和1450mm时，其规格代号为115145。

示例2：门窗的B2、A2分别为600mm和950mm时，其规格代号为060095。

铝合金门窗型材规格主要包括35系列、38系列、40系列、60系列、70系列、90系列等。这些系列代表了铝合金横截面的宽度，即由铝材与中间隔热条合起来的总宽度。例如，35系列、38系列指的是铝合金型材主框架宽度分别是35mm、38mm。

每种门窗按门窗框厚度构造尺寸可以分为若干系列。例如，门框厚度构造尺寸为70mm的铝合金平开门，称为70系列铝合金平开门，其他的规格以此类推（见表1-3）。

表1-3 铝合金门窗型材规格　　　　　　　　　　　　mm

门窗种类	规格	门窗洞高度	门窗洞宽度
铝合金推拉门	70系列、90系列	2100、2400、2700、3000	1500、1800、2100、2700、3000、3300、3600
铝合金推拉窗	55系列、60系列、70系列、90系列	900、1200、1400、1500、1800、2100	1200、1500、1800、2100、2400、2700、3000
铝合金平开门	50系列、55系列、70系列	2100、2400、2700	800、900、1200、1500、1800
铝合金平开窗	40系列、50系列、70系列	600、900、1200、1400、1500、1800、2100	600、900、1200、1500、1800、2100
铝合金地弹簧门	70系列、100系列	2100、2400、2700、3000、3300	900、1000、1500、1800、2400、3000、3300、3600

注：1. 封阳台通常采用70系列或90系列的铝合金型材，如果小于70系列，坚固程度就难以保证。

2. 75系列铝合金主要制作推拉门，可以在底层制作窗框，但18层及以上的建筑不宜使用，因为这种铝合金很重，容易造成安全隐患。

3. 根据截面形状划分

区分为实心型材和空心型材，空心型材的应用量较大。铝门窗型材的长度尺寸分定尺、倍尺和不定尺三种，而定尺长度不超过6m，不定尺长度不少于1m。用于铝合金窗的壁厚尺寸不低于1.4mm，用铝合金门的则不低于2mm。

1.3 铝合金门窗发展现状

随着铝合金门窗的应用越来越广泛，如今铝合金门窗已经成为各种装修的优选产品，得到了广大消费者的青睐。铝合金门窗行业的三大发展趋势如下。

1. 规模化生产

以往大多数铝合金门窗厂家在初次创业时，投入并不大。无论是资金，还是在厂房规模，甚至有些企业在创业之初就是3～5人的小作坊，现在很大部分铝合金门窗品牌也正是由当年的这些小店发展壮大的。经过十多年的发展，正在朝着企业集团化方向发展。

2. 多品牌营销

由于铝合金门窗行业入行门槛较低，市场竞争加剧了品牌的角逐，品牌营销成为企业提升产品附加值的一个有效途径。铝合金门窗产品本身的技术含量不高，加入竞争的企业也相当多，铝合金门窗的品牌也增多了，铝合金门窗品牌的竞争十分激烈了。如何提供铝合金门窗企业的品牌知名度就成了企业现时的主要问题，甚至有的企业存在多品牌现象，这样打开更多的市场，增加了产品与企业的竞争力。

3. 延伸产品多样化

现今相当多的铝合金门窗生产企业发展到一定程度，单一的产品链已无法完全满足企业发展的需求。不少铝合金门窗生产企业已经不再只生产单一产品了，进而开始向全铝门或钢木门等延伸产品发展。

↑ 不断扩大的铝合金门窗生产加工车间

小规模生产企业不断发展扩大，是当今门窗行业的发展必然趋势。

↑ 形式多样化的铝合金门窗加工工厂

不少以前主打铝合金产品的生产企业，现今不仅有铝合金产品，而且还涉足钢木门等。

第 2 章

铝合金门窗设计

学习难度	★★★☆☆
重点概念	建筑风格、构造设计、窗型外观设计、物理性能设计、结构设计
章节导读	门窗兼有建筑室内外装饰双重性，优质门窗不仅能为建筑带来节能保温，还能满足使用要求，营造出舒适、宁静的室内环境，能满足不同气候条件下使用。

↑ 建筑铝合金门窗

　　为满足建筑工程需要，使铝合金门窗性能应符合建筑功能要求，保证铝合金门窗的工程质量，达到设计合理、安全可靠、经济适用。

2.1 铝合金门窗设计要求

铝合金门窗作为建筑围护结构，不仅要与建筑物的功能结合在一起，还要与建筑物的风格、造型、色彩等结合起来。在设计时，应当考虑以下几点因素：

（1）**建筑环境与构造类型**。建筑地理位置、气候条件、门窗的开启方式，考虑建筑构造、颜色、造型，铝合金型材质量。

（2）**物理隔热性能**。隔热保温对铝合金门窗的提出性能要求，仔细评估建筑节能设计对铝合金门窗形式、玻璃配件的要求。

（3）**使用耐久性与综合成本**。铝合金门窗应当耐久，考虑建筑物整体造价成本。

2.1.1 门窗构造设计

铝合金门窗的高度、宽度构造尺寸逐步加大，同时也在不断满足建筑节能要求。铝合金门窗的立面分格尺寸与门窗扇数量是设计重点，同时注重玻璃安装方法。

↑ 门窗高度、宽度构造尺寸设计

铝合金门窗的高度、宽度构造尺寸应根据天然采光环境来设定，房间有效采光面积和建筑节能要求相关，过大的门窗面积不利于建筑节能。

↑ 门窗立面分格尺寸设计

铝合金门窗的立面分格尺寸大小要受最大开启扇尺寸和固定玻璃尺寸的制约。

┌─◉ 补充要点

建筑门窗分格尺寸

按照普通人的双手动作习惯，水平分格线为室内地面高度0.6～1.2m处。而在1.2～1.8m高不宜设置水平分格或横梁，这样会遮挡视线。多选用0.6m、1.2m、2.0m、2.4m、3.6m等数值来满足建筑模数，如1.2m、2.4m是最常用的数值，它与玻璃原片尺寸2440mm×3660mm、常用板材的标准尺寸1220mm×2440mm相关联。开启门窗扇拉手宜设置在室内地面1.35m的高度。

2.1.2 窗型与外观设计

在铝合金门窗一般选用标准窗型，以便降低成本。窗型设计应考虑不同区域、环境和建筑类型，满足门窗抗风压、水密、气密、保温等性能要求。此外，还要考虑安全性，避免在使用过程中因设计不合理而造成损坏，引发安全事故。

↑ 门窗开启形式与开启面积

铝合金门窗开启形式由门窗与玻璃面积决定，并应满足房间自然通风，保证启闭、清洁、维修的方便性和安全性。

↑ 门窗立面外观设计

铝合金门窗的立面造型、质感、色彩等应当与建筑外立面、室内外环境协调。

1. 窗型设计

铝合金门窗的窗型设计包括门窗开启构造类型和门窗产品规格两个方面。

（1）铝合金门窗开启构造类型。分为平开门窗、推拉门窗两大类。其中平开门窗主要包括外平开门窗、内平开门窗、内平开下悬门窗、上悬窗、中悬窗、下悬窗、立转窗等；推拉门窗主要包括推拉门窗、上下推拉窗、内平开推拉门窗、提升推拉门窗、推拉下悬门窗、折叠推拉门窗等。

（2）**门窗产品规格**。分为40系列、45系列、50系列、60系列、65系列等，推拉窗有70系列、90系列、95系列、100系列等。采用何种门窗开启产品系列，应根据建筑类型、使用场所与门窗窗型来确定，详情可参考表2-1。

表2-1　常见的铝合金门窗形式

序号	名称	特点	用途	图例
1	外平开门窗	气密性、水密性较好，造价相对低廉，采用滑撑作为开启连接配件	低层公共建筑与住宅建筑，不用于高层建筑，易发生窗扇坠落事故	
2	内平开门窗	采用合页作为开启连接配件，配以撑挡确保开启角度和位置，构造简单，使用方便，气密性、水密性较好，造价低廉	各类公共建筑与住宅建筑	
3	推拉门窗	节省空间，开启简单，造价低廉，但水密性能和气密性能相对较低	建筑外门窗和室内门窗	
4	上悬窗	采用滑撑作为开启连接配件，另配撑挡作开启限位，紧固锁紧装置采用七字执手或多点锁	风力较大的高层建筑或多雨地区	

序号	名称	特点	用途	图例
5	内平开下悬门窗	通过操作联动执手，实现门窗的内平开和下悬开启，造价相对较高	阳光房	
6	推拉下悬门窗	实现推拉和下悬开启，配件复杂，造价高，用量相对较少		
7	折叠推拉门窗	采用合页将多个门窗扇连接为一体，门窗扇沿水平方向折叠移动开启	底层建筑阳台、花园或室内	

2. 外观设计

（1）**色彩设计**。建筑物立面色调、室内装饰色调要与周围环境协调。

（2）**造型设计**。设计出各种立面造型，如平面形、折线形、弧线形等。综合考虑与建筑外立面的效果，考虑生产工艺和工程造价。例如，弧形门窗玻璃弯压处理的成本高，甚至会内造成玻璃爆裂。

（3）**立面分格设计**。门窗立面分格要根据建筑立面效果、采光、通风、视野、房间等多方面因素设计。同一房间、同一墙面的门窗横向分格线条尽量处于同一水平线上，竖向线条尽量对齐，分格比例要协调。

2.1.3 铝合金门窗性能设计

1. 水密性能设计

水密性能指门窗正常关闭状态时，阻止雨水渗漏的能力。

外门的水密性能不应小于160Pa，外窗的水密性能不应小于280Pa。水密性能定级过高则成本增加，选择窗型较困难，定级过低则在台风袭击时易出现门窗渗漏问题。

铝合金门窗的水密性能设计应符合下列要求：

（1）合理选择门窗形式。 平开型门窗水密性能要优于普通推拉门窗，因此有较高水密性能的场所，应尽量采用平开型门窗。

↑ **平开窗密封设计**

平开门窗框扇间均设有2~3道橡胶密封胶条密封，在门窗扇关闭时通过锁紧装置可将密封胶条压紧，从而形成有效密封。

↑ **普通推拉窗密封设计**

普通推拉门窗的活动扇上下滑轨间存在较大缝隙，且相邻的两个开启扇不在同一平面，也没有密封压紧力存在，仅靠毛条进行重叠搭接，但毛条之间存在缝隙，密封作用较弱。

（2）等压防雨。 在门窗开启部位的内部要设有空腔，空腔内的气压一直要保持和室外气压相等，使外表面两侧处于等压状态。对于不宜采用等压的外门窗结构，应采用密封胶阻止水进入的密封防水措施。

（3）加强结构刚度。 强暴风雨的天气，铝合金门窗所承受的风压将加大，可减少框扇的变形而导致渗水。因此，应采用截面刚性好的铝合金型材，或采用多点锁紧装置与多道密封。

（4）连接部位与墙体洞口密封。 由于铝合金门窗的框和扇连接采用五金附件装配，会存在缝隙，应采用涂密封胶、防水密封型螺钉等密封措施。铝合金门窗洞口墙体外表面应有排水措施，外墙窗楣应制作滴水线或滴水槽，预留流水坡。

2. 气密性能设计

门窗的气密性能是指门窗单位开启缝长度或单位面积上的空气渗透量。门窗的气密性能分级及指标要求：具有气密性能要求的外门，单位开启缝长空气渗透量不应大于2m³/（m·h），单位面积空气渗透量q_2不应大于7m³/（m²·h）。具有气密性能要求的外窗，其单位开启缝长空气渗透量不应大于1m³/（m·h），单位面积空气渗透量q_2不应大于4m³/（m²·h）。

铝合金门窗的气密性能设计应符合下列要求：

（1）平开门窗的气密性优于普通推拉门窗，框扇间带中间密封胶条结构能将气密和水密腔室分开，提高门窗的气密性能。

（2）在满足通风要求前提下，适当控制外窗可开启扇与固定部分的比例。

（3）采用耐久性及弹性良好的密封胶或密封胶条，对玻璃镶嵌密封与框扇之间进行密封。

（4）铝合金门窗框扇的杆件连接部位与五金配件装配部位，应采用密封材料进行妥善的密封处理。

3. 空气声隔声性能设计

空气声隔声性能是门窗在正常关闭状态时，阻隔室外声音传入室内的能力。隔声型门窗的隔声性能值不应小于30dB。提升铝合金门窗的隔声性能可以采取以下措施：

（1）提高门窗隔声性能，采用中空玻璃或夹层玻璃。

（2）在中空玻璃内填充惰性气体或内外片玻璃采用不同厚度的玻璃。

（3）门窗玻璃的镶嵌缝隙，框与扇的开启缝隙应采用具有柔性和弹性的密封材料密封。

（4）采用双层门窗构造或采用密封性能良好的门窗形式。

建筑、房间的隔声性能要求分别见表2-2和表2-3。

表2-2　建筑的隔声性能要求

噪声源	噪声值（dB）	噪声源	建筑立面外侧音量值（dB）
树叶摩擦的声音	12	高速公路	75
低声的耳语	16	城市主要街道	70
		城市次要街道	60～75
		露天建筑工地	70～85
一般的谈话	38～55	封闭的建筑工地	55～60
真空吸尘器	55～75	邻近住宅社区的街道交通流量150～200辆/h	50～70
繁忙的交通	65～95		
飞机的引擎	200～300	住宅社区内的街道交通流量50辆/h	60～80
太空火箭	>300		

表2-3　房间的隔声性能要求

房间类型		平均音量值（dB）	许用音量值（dB）
夜间卧室	住宅、医院及疗养院	20～35	35～40
	其他建筑	30～35	25～45
白天卧室	住宅、医院及疗养院	20～35	40～45
	其他建筑	35～45	45～50
白天工作场所	教室、封闭办公室、科研场所、图书馆、会议室、医院办公室、剧院、教堂、会堂	30～45	40～50
	公用办公室	35～45	45～55
	餐馆、商店、售票处	45～65	50～60

4. 保温性能设计

在冬季，门窗能阻止热量从室内高温侧向室外低温侧传递，用传热系数K表征。门窗的传热系数K是用于衡量门窗隔热保温性能的主要指标，传热系数与材料有关。传热系数越大，热损失就越大，门窗的保温性能也就越差。

（1）**分级与指标值。** 铝合金门窗的保温性能用传热系数K表示，保温型门窗的传热系数K应小于2.5W/（m²·K）。其分级及指标值见表2-4。

表2-4　保温性能分级　　　W/（m²·K）

分级	1	2	3	4	5
指标值	$K \geq 5.0$	$5.0 > K \geq 4.0$	$4.0 > K \geq 3.5$	$3.5 > K \geq 3.0$	$3.0 > K \geq 2.5$
分级	6	7	8	9	10
指标值	$2.5 > K \geq 2.0$	$2.0 > K \geq 1.6$	$1.6 > K \geq 1.3$	$1.3 > K \geq 1.1$	$K < 1.1$

（2）**提高门窗保温性能的措施。** 铝合金断热窗的保温性能要高于普通铝合金窗，复合双玻璃的保温性能要高于金属双玻璃窗。提高门窗的保温性能方法如下：

1）采用隔热断桥铝型材。隔热铝合金型材传热系数可降到2.2~3.6W/（m²·K），无隔热铝合金型材传热系数为6.8W/（m²·K）左右，隔热铝合金型材能够有效降低门窗框的传热系数。

2）采用中空玻璃。中空玻璃中的空间具有良好的隔热性能。

3）提高门窗的气密性能。提高门窗的气密性能减少因冷风渗透产生的热量损失，可以采用平开门窗，增加密封胶条能大幅度提高门窗的气密性能。

↑ 隔热断桥铝型材

隔热断桥铝型材两面为铝材，中间用尼龙制作断热材料，兼顾尼龙和铝合金两种材料的优点，同时满足装饰、门窗强度、耐老化性能等多种要求。

↑ 铝木复合型材隔热断桥铝推拉门

隔热型材传热系数的高低与型材中间的隔热材料有关，如通过加长隔热型材隔热条的尺寸，或采用灌注法生产的隔热铝合金型材，或选用铝木复合型材等，降低型材的传热系数。

↑ 安装双层铝合金窗

制作双层窗工艺复杂，会增加一定费用，但保温效果好，双层窗比用同样多的玻璃材料制成的单层窗节能约90%。

↑ 密封保温处理门窗框与洞口间的安装缝隙

门窗框四周与墙体间的缝隙多采用防寒毡条、聚苯乙烯泡沫塑料条、有机硅泡沫密封胶或其他软质材料填充，厚度不超出门窗框料厚度，表面用密封胶进行密封。

4）采用双层门窗设计。采用双层门窗能有效提高门窗的保温性能。

5）密封保温处理门窗框与洞口间的安装缝隙。门窗框与安装洞口之间的安装缝隙应进行密封保温处理，防止由此造成热量损失。

5. 隔热性能设计

在夏季，门窗阻隔太阳辐射能力称为SHGC，透过窗户的太阳辐射量包括直接透过窗户进入室内热量与各层玻璃吸收太阳辐射量后间接向室内辐射的热量。

（1）**分级与指标值**。门窗隔热性能指标太阳得热系数SHGC分级应符合表2-5的规定。

表2-5　门窗隔热性能分级

分级	1	2	3	4	5	6
分级指标值SHGC	0.7≥SHGC>0.6	0.6≥SHGC>0.5	0.5≥SHGC>0.4	0.4≥SHGC>0.3	0.3≥SHGC>0.2	SHGC≤0.2

注：太阳得热系数SHGC的理论值为0~1，实际值约在0.15~0.80之间，相同条件下该值越小，通过门窗的太阳辐射得热就越少。

（2）**提高门窗隔热性能的措施。** 给门窗安装遮阳装置，如卷帘窗、百叶窗等。

↑ **窗外设置遮阳卷帘**

窗外遮阳卷帘是一种有效的隔热措施，适用于各朝向窗户，当卷帘完全放下时，能够遮挡住几乎所有的太阳辐射。

↑ **中空玻璃内置百叶门窗**

中空玻璃中内置百叶帘片，帘片由手柄磁铁控制，也可以内置电机由开关或遥控器控制，通过调节百叶片的角度来控制进入室内的光线。

6. 抗风压性能设计

抗风压性能是指门窗在正常关闭状态时，在风压作用下不发生损坏、五金件松动以及开启困难等功能障碍的能力。

（1）**分级与指标值。** 铝合金门窗的抗风压性能分级及指标值P_3，见表2-6。

表2-6 抗风压性能分级 kPa

分级	1	2	3	4	5
指标值	$1.0 \leqslant P_3 < 1.5$	$1.5 \leqslant P_3 < 2.0$	$2.0 \leqslant P_3 < 2.5$	$2.5 \leqslant P_3 < 3.0$	$3.0 \leqslant P_3 < 3.5$
分级	6	7	8	9	
指标值	$3.5 \leqslant P_3 < 4.0$	$4.0 \leqslant P_3 < 4.5$	$4.5 \leqslant P_3 < 5.0$	$P_3 \geqslant 5.0$	

（2）**受力构件的相对挠度值。** 主要受力杆件面法线挠度应符合表2-7规定，且不应出现使用功能障碍。

表2-7　门窗主要受力杆件面法线挠度允许值　　　　mm

支承玻璃种类	单层玻璃、夹层玻璃	中空玻璃
相对挠度值	$L/100$	$L/150$
挠度最大值	20	—
备注	门窗为单层或夹层玻璃时，门窗框的相对挠度允许值为$L/100$，且绝对挠度最大值为20mm	门窗为中空玻璃时，门窗框的相对挠度允许值为$L/150$

注：L为主要受力杆件的支承跨距。

7. 采光性能设计

采光性能是指铝合金窗在漫射光照射下透过光的能力。

（1）分级与指标值。有天然采光要求的外窗，透光折减系数T_r不应小于0.45；具有辨色要求的门窗，其颜色透射指数R_a不应小于60。透光折减系数T_r分级应符合表2-8的规定。

表2-8　采光性能分级

分级	1	2	3	4	5
指标值	$0.2 \leqslant T_r < 0.3$	$0.3 \leqslant T_r < 0.4$	$0.4 \leqslant T_r < 0.5$	$0.5 \leqslant T_r < 0.6$	$T_r \geqslant 0.6$

（2）设计措施。

1）减少窗的框架与整窗的面积比。减少窗框、扇架构与整窗的面积比。

2）合理选配玻璃或遮阳窗帘。选用易清洗的玻璃，减小窗玻璃污染折减系数。

3）窗立面分格满足日常保洁的便利性。窗立面分格不宜过多，满足日常保洁。

8. 耐火完整性设计

耐火完整性是建筑门窗某一面受火时，在一定时间内阻止火焰和热气穿透或在背火面出现火焰的能力。耐火型门窗要求室外侧耐火时，耐火完整性不应低于E30（o）；耐火型门窗要求室内侧耐火时，耐火完整性不应低于E30（i）。

关闭状态耐火完整性E不小于30min的门窗。耐火型门窗是具有耐火性能要求的建筑构件，多用于建筑外门窗，防室外火。其没有窗扇的启闭控制装置，要求建筑门窗具备气密性能、水密性能、保温性能及抗风压性能等，耐火完整性能只要求完整性，不要求隔热性。

建筑门窗耐火完整性用E表示，耐火时间用t表示。按室内、室外受火面分级，室内侧受火面以i表示，室外侧受火面以o表示，分级及指标值见表2-9。

表2-9　耐火完整性分级

分级		代号	
受火面	室内侧	E30（i）	E60（i）
	室外侧	E30（o）	E60（o）
耐火时间t（min）		$30 \leqslant t < 60$	$t \geqslant 60$

9. 防沙尘性能设计

防沙尘性能则是在外门窗正常关闭状态时，在风和扬尘作用下，阻止尘进入室内的能力。外门窗防沙性能指标M不应大于6.0g/m；具有防尘性能要求的外门窗，其防尘性能指标C不应大于60.0mg/m²。此外，根据不同地区防沙性能与防尘性能的具体要求，可参考以下分区选择具有不同防沙性能和防尘性能的建筑门窗：

（1）强沙尘暴频发地区（如内蒙古、新疆、甘肃等），宜选用防沙性能5级、防尘性能6级以上的外门窗。

（2）尘暴频发地区（如北京、山东、辽宁等），宜选用防沙性能4级以上、防尘性能5级以上的外门窗。

（3）浮尘、扬沙偶发地区（如吉林、黑龙江等），宜选用防沙性能3级以上、防尘性能3级以上的外门窗。

（4）沙尘极少发生地区（如广东、上海、江苏等），可不做具体要求。

10. 抗风携碎物冲击性能设计

台风地区的建筑物在承受风压时，还会经受风暴卷起大小不一、硬度各异的各种物体的冲击，如地面上的碎石、木块、构筑物残片等，导致玻璃面板破碎、开启扇脱落等，导致极大的安全威胁与经济损失。

↑ 沙尘笼罩下的城市

沙尘暴会导致沙石、浮尘到处弥漫、空气浑浊，同时会造成室内空气严重污染，甚至可造成房屋倒塌、交通供电受阻或中断、火灾、人畜伤亡等危害。

↑ 台风破坏

台风是一种破坏力很强的灾害性天气系统，台风中心附近最大风力一般为8级以上，极易诱发城市内涝、山洪、泥石流等灾害。

11. 安全性能设计

（1）防雷设计。铝合金门窗的防雷设计应符合《建筑物防雷设计规范》（GB 50057—2010）的规定，即一类防雷建筑物其建筑高度在30m及以上的外门窗，二类防雷建筑物其建筑高度在45m及以上的外门窗，三类防雷建筑物其建筑高度在60m及以上的外门窗，应采取防侧击雷和等电位保护措施，并与建筑物防雷系统可靠连接。各级别防雷建筑物的滚球半径（H_r）值，见表2-10。

表2-10　各级别防雷建筑物的H_r值　　　　　　　　　　m

建筑物的防雷类别	第一类防雷建筑物	第二类防雷建筑物	第三类防雷建筑物
滚球半径H_r	30	45	60

　　铝合金门窗与主体建筑之间应当配置防雷均压环，在高度上每隔6m设一均压环，目的是便于将6m高度内上下两层的金属门窗与均压环连接。

↑ 防雷镀锌卡扣片

根据铝合金门窗框的尺寸与构造不同，能够选择的防雷镀锌卡扣片很多，厚度应当大于1.2mm。

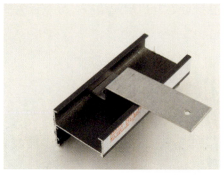

↑ 防雷镀锌卡扣片与铝合金窗框连接

将防雷镀锌卡扣片一端与铝合金门窗框连接，另一端与建筑中防雷金属间或钢筋连接。

↑ 建筑中的防雷连接金属件

高层建筑在构筑过程中应当预埋防雷连接金属件，通过钢筋或导线与建筑中的均压环连接。

↑ 均压环

均压环主要作用是防侧击雷，可将高压均匀分布在物体周围，保证在环形各部位之间没有电位差，从而达到均压效果。

（2）**玻璃防热炸裂**。当玻璃自身受热不均匀时，玻璃会发生破裂，典型的热应力破裂特征见表2-11。

表2-11　典型的热应力破裂特征

热应力破裂特征	图例
（1）裂纹从边缘开始，一组裂纹与边部只有一个交点，起端与玻璃边缘垂直。 （2）破裂线多为弧形线，其后分成两支，无规则弯曲向外延伸。 （3）边缘处裂口整齐，断口无破碎崩边现象	

注：1. 对于边部存在微裂痕的玻璃，热应力破裂的纹路不具备上述特征。
　　2. 所有未作磨边处理的玻璃，其边部都存在肉眼看不到的微裂痕，应注意这一点。

玻璃构造设计时应采用下列措施以减少热炸裂：

1）防止或减少玻璃局部升温。门窗立面分格框架设计和窗口室内外遮阳设计，应防止或减少玻璃局部升温造成的温度差。

2）对玻璃边缘进行倒角磨边等加工处理。安装于门窗上的玻璃周边不应有易造成裂纹的缺陷；对于面积大于1m²的玻璃或颜色较深的玻璃，应对玻璃边缘进行倒角磨边加工处理。

3）玻璃镶嵌应采用弹性良好的密封衬垫材料。弹性良好的密封材料可以防止玻璃与门窗玻璃镶嵌部位的硬性接触，减少玻璃的热应力。

4）玻璃内侧的遮阳措施与玻璃之间保持一定间距。卷帘、百叶及隔热窗帘等遮蔽物如果紧贴玻璃，会使玻璃温度升高，热应力加大，因此玻璃室内侧的遮阳措施，与窗玻璃之间的距离应不小于50mm。

（3）其他安全性能。

1）公共建筑出入口和门厅、幼儿园或其他儿童活动场所的门和落地窗，必须采用钢化玻璃或夹层玻璃。

2）推拉窗用于外墙时，必须有防止窗扇向室外脱落的装置，开启扇应采用带钥匙的窗锁、执手等锁闭器具，或采用铝合金花格窗、花格网、防护栏杆等防护措施。

3）安装在易于受到人体或物体碰撞部位的玻璃，必须采用护栏。

4）无室外阳台的外窗台距室内地面高度小于0.9m时，必须采用安全玻璃并加设防护措施。

5）七层及七层以上的建筑物外开窗、面积大于1.5m²的窗玻璃、玻璃底边离最终装饰面小于500mm的落地窗、倾斜安装的铝合金窗等所用玻璃，都应采用安全玻璃。

2.2　铝合金门窗结构设计

　　铝合金门窗必须具备足够的刚度和承载能力。自身结构、门窗与建筑安装洞口连接应当有一定的变形能力。

2.2.1 力学性能

1. 力学性能项目

门窗力学性能是活动扇在机械力作用下保持正常使用功能的能力，应根据门、窗的开启形式和使用特点确定其力学性能要求。门、窗的力学性能要求项目应符合表2-12和表2-13的规定。

表2-12 门的力学性能项目

项目	平开旋转类		推拉平移类			折叠类	
	内平开（合页）	平开（地弹簧）	推拉	提升推拉	推拉下悬	折叠平开	折叠推拉
启闭力	√	√	√	√	√	√	√
耐软重物撞击性能	√	√	√	√	√	√	√
耐垂直荷载性能	√	√	—	—	—	—	—
抗静扭曲性能	√	√	—	—	—	—	—
抗扭曲变形性能	—	—	√	√	√	—	—
抗对角线变形性能	—	—	√	√	√	—	—
抗大力关闭性能	√	—	—	—	—	—	—

注："√"表示要求；"—"表示不要求。

表2-13 窗的力学性能项目

项目	平开旋转类								推拉平移类				折叠类
	内平开（合页）	滑轴平开	外开上悬	内开下悬	滑轴上悬	中悬	内平开下悬	立转	推拉	提升推拉	提拉	推拉下悬	折叠推拉
启闭力	√	√	√	√	√	√	√	√	√	√	√	√	√
耐垂直荷载性能	√	√	—	—	—	—	—	—	—	—	—	—	—

项目	平开旋转类								推拉平移类				折叠类
	内平开（合页）	滑轴平开	外开上悬	内开下悬	滑轴上悬	中悬	内平开下悬	立转	推拉	提升推拉	提拉	推拉下悬	折叠推拉
抗扭曲变形性能	—	—	—	—	—	—	—	—	√	√	√	—	—
抗对角线变形性能	—	—	—	—	—	—	—	—	√	√	√	—	—
抗大力关闭性能	√	—	√	√	—	√	√	—	—	—	—	—	—
开启限位抗冲击性能	√	√	√	√	—	√	√	—	—	—	—	—	—
撑挡定位耐静荷载性能	√	—	√	—	—	—	—	—	—	—	—	—	—

注："√"表示要求；"—"表示不要求。

2. 门窗反复启闭耐久性

门窗反复启闭耐久性是指门窗开启部分的机械耐久性，并不包括门窗材料的腐蚀或锈蚀耐久性。门窗反复启闭耐久性分级应符合表2-14的规定。

经反复启闭耐久性检测试验后的门窗，应启闭无异常、使用无障碍，并应能保持正常使用功能。

表2-14 门窗反复启闭耐久性分级表　　　　万次

开启类别		分级			反复启闭试验时锁固及限位装置要求
		1	2	3	
推拉平移类、平开旋转类	门	10	20	—	不包括锁闭、插销等装置的反复启闭
	窗	1	2	3	内平开窗、内开下悬窗不包括撑挡、插销等装置的反复启闭

开启类别	分级			反复启闭试验时锁固及限位装置要求
	1	2	3	
内平开下悬窗	1.5万次内平开下悬启闭加1万次90°平开启闭			90°平开启闭试验不包括撑挡的反复启闭
地弹簧门	20（单向）10（双向）	50（单向）25（双向）	100（单向）50（双向）	不包括锁闭、插销等装置的反复启闭

注：1. 门窗锁固装置包括门窗锁闭器、童锁等锁闭装置和门窗插销等固定装置。
    2. 门窗限位装置包括门窗的撑挡、微通风定位器等装置。
    3. 地弹簧门属于手动操作启闭的平开旋转类门，其反复启闭耐久性分级按其启闭特性单独列出。

2.2.2　力学设计

铝合金型材能承载的风载荷数值可达1.5～5.0kN/m²。由于铝合金门窗自重轻，即使按最大地震作用考虑，门窗的水平方向位移荷载一般为0.05～0.4kN/m²的范围内，其相应的组合效应值仅为0.28kN/m²，远小于风压值。但是在构造设计上，应当避免因门窗构件间挤压造成门窗被构件破坏，如门窗框、扇连接装配间隙，玻璃镶嵌预留间隙等。

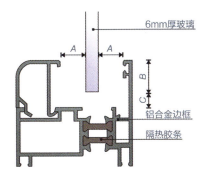

↑ **单层玻璃镶嵌预留间隙示意图**

前部余隙和后部余隙A是为了保证玻璃在水平荷载作用下玻璃不与边框直接接触，嵌入深度B为了保证玻璃在水平荷载作用下玻璃不脱框。

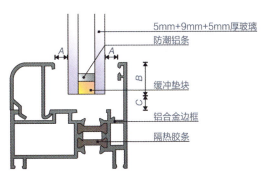

↑ **双层玻璃镶嵌预留间隙示意图**

边缘间隙C为了保证玻璃在环境温差作用下不与边框接触，同时也保证玻璃在一定量建筑主体结构变形条件下玻璃不被击碎。

玻璃间隙处理方法

（1）使用缓冲垫块填塞间隙，避免扇面变形，影响使用。

（2）玻璃安装前检查垫块位置，防止因碰撞、振动造成垫块脱落，导致堵塞排水孔道。

（3）安装竖框中的玻璃需要放置两块承重垫块，搁置位置与玻璃垂直边缘距离为玻璃宽度的1/4，且不小于150mm。

（4）玻璃垫块宽度要大于所支撑的玻璃厚度，长度不小于25mm，厚度为2～6mm。

（5）裁切玻璃尺寸时要严格控制，玻璃尺寸与框扇内尺寸之差应等于两个垫块厚度。

2.2.3 受力杆件设计

受力杆件主要包括拉伸、压缩（柱）、弯曲（梁）、剪切（铆钉、焊缝）和扭转（转动轴），可以从杆件的强度、刚度、稳定性等三个方面来计算构件。

1. 杆件强度

金属杆件材料抵抗变形和断裂的能力称为杆件强度。

2. 杆件刚度

杆件刚度是指结构或构件抵抗变形的能力，必须保证杆件的工作变形不超过许用变形。

3. 杆件稳定性

杆件稳定性是指当受压杆件受力达到一定的数值时，杆件突然发生弯曲，引起整个结构被破坏。

2.2.4　玻璃设计

铝合金门窗玻璃上的荷载主要是风荷载。玻璃承受的风荷载为垂直于玻璃板上的均布荷载。门窗玻璃抗风压设计计算应依据《建筑玻璃应用技术规程》（JGJ 113—2015）来执行。

↑ 普通住宅铝合金窗玻璃

用于普通住宅与小型门窗的铝合金外门窗玻璃厚度一般为5mm的钢化玻璃，5mm+9mm+5mm的中空玻璃由5mm钢化玻璃组成。

↑ 公共空间落地门窗玻璃

公共空间落地门窗玻璃一般采用厚8mm以上的钢化玻璃，一般不采用普通玻璃，由于普通玻璃一旦破碎就有很大的安全隐患。

2.2.5　连接设计

铝合金门窗构件的连接节点主要为窗扇连接铰链、锁紧五金件等部位。在实际使用中，连接件主要是在风压作用下损毁。

1. 铝门窗设计常用的连接件数据

（1）不锈钢螺栓和螺钉的强度标准值见表2-15。

表2-15　不锈钢螺栓和螺钉的强度标准

类别	组别	性能等级	螺纹直径（mm）	规定非比例伸长应力 $\sigma p0.2$（N/mm²）
奥氏体	A1、A2、A3、A4、A5	50	≤M24	210
		70		450
		80		600

类别	组别	性能等级	螺纹直径（mm）	规定非比例伸长应力 $\sigma p0.2$（N/mm^2）
马氏体	C1	50	≤M24	250
		70		410
		110		820
	C3	80		640
	C4	50		250
		70		410
铁素体	F1	45		250
		60		410

（2）抽芯铆钉的最小抗剪载荷及最小抗拉载荷值见表2-16。

表2-16 抽芯铆钉的最小抗剪荷载及最小抗拉荷载值 　　 N

性能等级	铆钉铆体材料种类	载荷	铆钉体直径（mm）				
			3	3.2	4	5	6
10	铝合金	最小抗剪载荷	475	530	850	1280	1880
		最小抗拉载荷	593	670	1020	1530	2040
11		最小抗剪载荷	678	760	1160	1850	2830
		最小抗拉载荷	868	980	1560	2470	3720
30	碳素钢	最小抗剪载荷	1020	1180	1650	2680	4040
		最小抗拉载荷	1225	1380	2100	3360	5020
50	不锈钢	最小抗剪载荷	1200	1870	2890	4250	6500
		最小抗拉载荷	1350	2360	3650	5550	8830

（3）焊缝的强度设计值见表2-17。

表2-17　焊缝的强度设计值　　　　　　　N/mm²

焊接方法和焊条型号	构件钢材			对接焊缝				角焊缝
	钢号	组别	厚度或直径（mm）	受压 f_c^w	受拉和受弯 f_t^w		受剪 f_v^w	受拉、受压和受剪 f_{tw}
					一级/二级	三级		
自动焊	Q235	第一组	≤16	215	215	185	125	160
半自动焊		第二组	17～25	200	200	170	115	160
E43型焊条的手工焊		第三组	26～36	190	190	160	110	160
自动焊	Q345	第一组	≤16	315	315	270	185	200
半自动焊		第二组	17～25	300	300	255	175	200
E50型焊条的手工焊		第三组	26～36	290	290	245	170	200
自动焊	Q390	第一组	≤16	350	350	300	205	220
半自动焊		第二组	17～25	335	335	285	195	220
E55型焊条的手工焊		第三组	26～36	320	320	270	185	220

注：1. 表中一级、二级、三级是指焊缝质量等级。
　　2. 自动焊和半自动焊所采用的焊丝和焊剂，应保证其熔敷金属抗拉强度不低于相应手工焊焊条的数值。
　　3. 施工条件较差的焊缝其焊接强度设计值应乘以0.9折减系数。

2.3 铝合金门窗节能设计

铝合金门窗的节能主要是指通过产品的结构设计、材料选用，尽量减少建筑使用能量。铝合金门窗的节能设计重点在于控制对流传热、导热、辐射传热三种方式（见表2-18）。

表2-18 铝合金门窗传热方式

传热方式	对流传热	导热	辐射传热
说明	通过门窗的密封间隙使热冷空气循环流动，通过气体对流使得热量交换，导致热量流失	物体内部的热由高温侧向低温侧转移，导致热流失	是以射线形式直接传递，导致能耗损失

2.3.1 玻璃节能

1. 玻璃镀膜

膜层材质可以确定节能效果，玻璃传热系数虽然没有明显变化，但膜层对光的控制能力不同，使其节能效果依次增加。

2. 玻璃结构

根据玻璃的结构形式可分单层玻璃、中空玻璃、多层中空玻璃，其传热系数依次降低，即节能效果逐次增强。

单片玻璃的传热系数$K=6W/m^2 \cdot K$左右；普通中空玻璃$K=3W/m^2 \cdot K$；离线低辐射镀膜中空玻璃（中空层充惰性气体）$K=1.5W/m^2 \cdot K$。

3. 贴节能膜

在玻璃室内一侧贴隔热膜能提高节能效果。

2.3.2 断桥铝合金型材节能

断桥铝合金型材是在内、外两侧的铝合金型材之间，采用有足够强度且低导热的隔热条隔开，能降低传热系数，增加热阻值，达到节能的目的。

2.3.3 多层结构体节能

在玻璃层构造中设计空气层，通常有充入惰性气体，惰性气体比普通干燥空气的导热性能更低，化学结构更稳定，不会在玻璃之间的腔体中产生冷凝水。此外，加大空气腔或增加空气腔体的数量（双层中空玻璃）也能有效提高中空玻璃的热工性能，最终达到节能目的，但是制作成本较高。

2.3.4 遮阳体系节能

在铝合金门窗体系中融入遮阳技术，如增加遮阳篷或在中空腔体中增加遮阳帘等，都是有效的节能途径。

↑ **铝合金大门采用镀膜玻璃**

镀膜玻璃门具有适当的采光功能与良好的视线遮蔽效果，还具有一定节能性。

↑ **窗玻璃粘贴防紫外线贴膜**

防紫外线贴膜夏季可阻挡40%～90%的太阳直射热量进入室内，冬季可以减少35%以上热量散失，节能环保，同时可以有效阻隔98%以上的紫外线，过滤强光，减少眩光。

↑ 断桥隔热铝制作阳光房

阳光房是以断桥隔热铝合金型材作为框架，框架内镶嵌中空夹胶玻璃，能有效阻挡室内外冷热空气。室内能量不会失散，保证了阳光房的功能性和舒适性，降低了能源消耗。

↑ 使用室内遮阳帘

遮阳帘有阻挡户外热量流入到室内的节能效果，以及能够使强烈的阳光以漫射光的形式反射入室内，使室内光线明亮而不眩目。

◉ 补充要点

门窗常规设计

客厅、卧室门窗为平开内倒窗或内平开窗，开启方便、安全、易清洁且其气密、水密及隔声效果好，也满足了室内通风功能要求。卫生间门窗为翻窗，既满足通风换气的要求，又不占使用空间。其他房间为推拉窗，开启不占室内空间，可避免刮碰，便于维护保养，但是推拉窗不能将窗洞完全开启。

第3章

铝合金门窗型材

学习难度　★★★★★

重点概念　性能要求、型材生产、表面处理、型材选用

章节导读　铝合金门窗是将表面处理后的铝合金型材，经过下料、打孔、铣槽、攻丝、制作等工艺制作成的门窗框构件，再采用连接件、密封材料、五金配件组合装配而成的门窗。铝合金型材表面涂层决定了门窗的耐候性能，铝合金型材的断面尺寸决定了门窗的抗风压性能和安全性能。

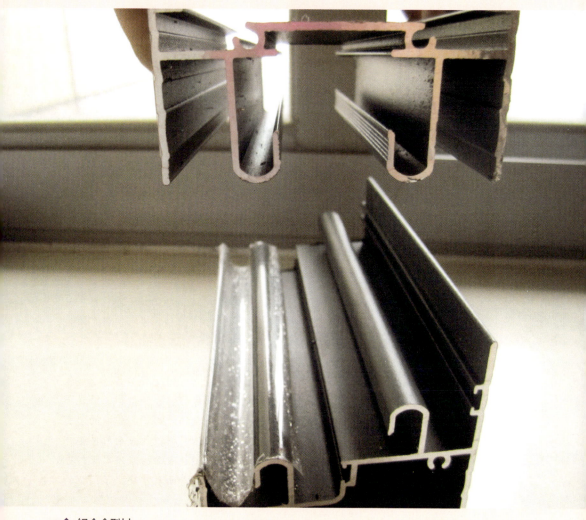

↑ 铝合金型材

铝合金型材是制作铝合金门窗的基本材料，铝合金型材的规格尺寸、化学成分、力学性能、精确度，对铝合金门窗的使用寿命和性能有着重要影响。

3.1 铝合金门窗材料与要求

铝合金门窗所用材料与附件应当符合《铝合金门窗》(GB/T 8478—2020)中常用材料与附件标准,主要包括铝合金型材、钢材、玻璃、密封材料、五金配件、连接件与紧固件。

铝合金型材是经过热处理强化的。铝合金可以通过淬火工艺来提高机械性能。铝及铝合金的组别及牌号系列,见表3-1。

表3-1 铝及铝合金的组别及牌号系列

组别	牌号系列
纯铝(铝含量不小于99.00%)	1×××(如1050)
以铜为主要元素的铝合金	2×××(如2A01)
以锰为主要元素的铝合金	3×××(如3A21)
以硅为主要元素的铝合金	4×××(如4050)
以镁为主要元素的铝合金	5×××(如5050)
以镁和硅为主要元素的铝合金	6×××(如6005)
以锌为主要元素的铝合金	7×××(如7075)
以其他元素为主要合金元素的铝合金	8×××(如8050)
备用合金组	9×××(如9050)

3.1.1 铝合金型材基本要求

1. 型材规格

铝合金门窗用型材根据截面形状可以分为实心型材与空心型材,空心型材的应用量较大,用于铝合金外门的主型材截面不低于2.0mm,外窗主型材截面不低于1.4mm。

铝合金门窗用型材的长度尺寸分为定尺、倍尺和不定尺三种,定尺长度不大于6m,不定尺长度不小于1m。铝合金型材的规格尺寸是以型材截面高度尺寸为基准。铝合金门窗用型材主要有40mm、45mm、50mm、55mm、60mm、63mm、65mm、70mm、80mm、90mm等尺寸系列。

↑ 铝合金实心型材

铝合金实心型材是指没有封闭围合结构的型材，用于门窗加强结构或封闭结构，用于强化整体造型结构或装饰边框内侧面。

↑ 铝合金空心型材

铝合金空心型材是指封闭围合结构的型材，用于门窗主要边框、横梁、立柱、门窗扇轨道支撑，周边结构造型具有承重功能，是经过细致设计后形成的造型。

型材腔体结构可以分为两腔、三腔或多腔结构。腔体越多，型材的保温、隔声效果越好。内衬腔体越大，门窗的强度与稳固性能越高。

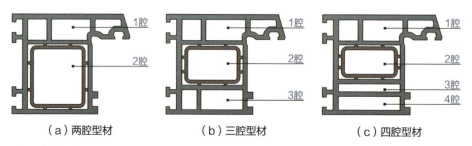

（a）两腔型材　　　　　（b）三腔型材　　　　　（c）四腔型材

↑ 铝合金型材的腔体设计

腔体越多，使用的原材料就越多，价格则更高，成本会增加10%～40%。

2. 基材横截面尺寸及允许偏差

基材壁厚采用分辨力为0.5μm的膜厚检测仪与分辨力不低于0.02mm的量具测量，主要测量表面处理层膜厚和型材总壁厚，型材同一类型部位测点不少于5点。基材的实测壁厚为型材总壁厚与表面处理层厚度之差，精确到0.01mm，取平均值。

门、窗用主型材基材壁厚要求：外门不应小于2.2mm，内门不应小于2.0mm，外窗不应小于1.8mm，内窗不应小于1.4mm。

壁厚允许偏差应按实际装配要求选择，应选用高精级、超高精级或严于超高精级的偏差要求。应供需双方商定，并在图样及订货单（或合同）中注明。

3. 表面处理

门窗所用钢材应采用奥氏体不锈钢材料，接触部位设置防腐蚀橡胶片，防止电化学腐蚀。铝型材表面处理为防腐喷涂，钢件均采用防腐处理，防腐材料必须具有足够的黏结力和耐久性。

↑ 铝合金型材镀锌防腐处理

铝合金材料应进行表面处理，铝合金门窗所用金属材料除了不锈钢外，应进行镀锌、涂防锈漆或其他防腐处理。

↑ 防锈漆

防锈漆是用于防止金属产品生锈的油漆，是金属用品施工很重要的涂料。

（1）铝合金型材应根据门、窗的使用环境选择表面处理方式，主要分为阳极氧化、电泳、粉末喷涂、氟碳喷涂等。这些表面处理可增强型材的外表美观程度，并延长型材的使用寿命。铝合金型材饰面处理适用范围及厚度要求见表3-2。

表3-2 铝合金型材饰面处理适用范围与厚度要求

表面处理层		阳极氧化	电泳涂漆	喷粉	喷漆
适用范围^a及厚度^b要求	外门窗	阳极氧化+封孔；阳极氧化+电解着色+封孔膜厚级别不低于AA15；局部膜厚≥12μm	有光或消光透明漆膜；膜厚级别A、B（阳极氧化膜局部膜厚≥9μm）	光泽平面效果；砂纹、二次喷涂木纹立体效果；装饰面局部厚度≥50μm	四涂层（高性能金属漆）装饰面局部膜厚≥55μm；三涂层（一般金属漆）装饰面局部膜厚≥34μm；二涂层（单色漆；珠光云母漆）装饰面局部膜厚≥25μm
	内门窗	阳极氧化+封孔；阳极氧化+电解着色+封孔阳极氧化+染色+封孔；膜厚级别不低于AA10局部膜厚≥8μm	有光或消光有色漆膜；膜厚级别S（阳极氧化膜局部膜厚≥6μm）	锤纹、皱纹、大理石纹、立体彩雕纹、热转印木纹、金属效果；装饰面局部厚度≥40μm	
备注		采用阳极氧化处理工艺，氧化膜牢固、色彩光泽，阳极后铝合金型材的厚度会减小	能够有效地突出型材的金属质感，且无需封孔，避免了由于封孔不好带来的裂纹等缺陷，可自由控制涂膜厚度	漆膜抗冲击、耐磨、防腐蚀、耐候性等性能均很好，涂料价格比氟碳低，但长期自然光照射会造成褪色	采用氟碳喷涂处理，否则容易产生褪色和表面裂纹等

a 适用于外门窗的表面处理层也可用于内门窗。

b 电泳、喷粉和喷漆型材的内角、凹槽等的局部膜层厚度允许低于规定值，但不应露底。

（2）隐框窗中与硅酮结构密封胶黏结部位的型材应采用阳极氧化处理。通常硅酮结构密封胶与阳极氧化铝合金型材的黏结都比较好，而粉末喷涂和氟碳喷涂基本都要经过预处理后才能形成良好的黏结。

↑ **宽度测量**

铝合金型材系列代表了断桥铝横截面的宽度，如55系列断桥铝平开窗、86断桥铝平开窗、90断桥铝平开窗、115断桥铝平开窗等。

↑ **厚度测量**

铝合金窗主要受力杆件壁厚不应小于1.4mm，铝合金门主要受力杆件壁厚不应小于2.0mm，抗拉强度达到157N/mm²，屈服强度要达到108157N/mm²，氧化膜厚度应达到10μm。

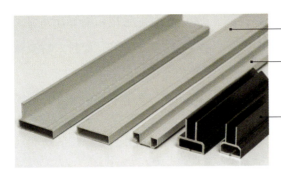

表面应当光滑无毛刺、无气泡

表面凹槽既有装饰效果又能强化结构

着色型材应当无色差或颜色脱落痕迹

↑ 检查铝合金型材表面情况

3.1.2 玻璃基本要求

门窗玻璃采用无色透明或着色平板玻璃。门窗中空玻璃是指两片或多片玻璃以有效支撑，均匀隔开并对周边进行密封，使玻璃层之间形成干燥的气体空间，有普通中空玻璃和充气中空玻璃两种。

外门窗用中空玻璃气体层厚度不应小于9.0mm，单腔中空玻璃厚度允许偏差值宜采用±1.5mm。耐火型门窗用玻璃的耐火完整性不应小于30min。通常耐火型外门窗采用C类非隔热型防火玻璃。

铝合金门窗中空玻璃具有良好的隔声、保温效果。通常玻璃占整窗面积的80%左右，玻璃采用5mm+9mm+5mm中空玻璃，即两侧为5mm钢化玻璃，中间为9mm中空空间。此外还有5mm+12mm+5mm、5mm+15mm+5mm等规格产品。中空玻璃的隔热系数能达到2.5W/（$m^2 \cdot K$）。不同材质门窗的中空玻璃传热系数见表3-3。

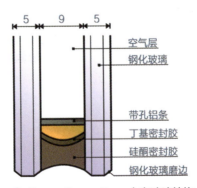

| 5 | 9 | 5 |

空气层
钢化玻璃

带孔铝条
丁基密封胶
硅酮密封胶
钢化玻璃磨边

↑ 5mm+9mm+5mm中空玻璃结构

表3-3 不同材质门窗的中空玻璃传热系数

玻璃	间隔层（mm）	间隔层气体	玻璃传热系数 K_b[W/($m^2 \cdot K$)]	窗框	K_e/K_b
中空玻璃	9	干燥空气	3.0	塑料	0.80 ~ 0.98
				铝合金	1.20 ~ 1.40
				断桥铝合金	1.10 ~ 1.15
	12		2.5	塑料	0.90 ~ 1.05
				铝合金	1.45 ~ 1.70
				断桥铝合金	1.20 ~ 1.30

钢化玻璃是铝合金门窗安装的最低要求，普通玻璃面积增大后容易破裂，钢化玻璃虽然强度高，但是从边缘造成撞击也容易破裂，因此钢化玻璃的边缘都需要预制磨边处理，能有效防止破裂。

玻璃的品种、厚度和最大允许面积应用部位见表3-4。

表3-4 对应玻璃的建筑应用部位

玻璃品种	门	窗	室内隔断	普通幕墙	点式幕墙	阁楼顶窗
钢化玻璃	◎	◎	◎	◎	◎	◎
吸热玻璃		◎		◎		
普通夹层玻璃		◎	◎	◎		◎
钢化夹层玻璃	◎	◎	◎	◎		◎
普通中空玻璃		◎		◎		◎
钢化中空玻璃		◎		◎		◎
夹层钢化中空玻璃		◎		◎		◎

注：◎符号表示玻璃应用的建筑部位。

铝合金门窗的K值

铝合金门窗的K值是指铝合金门窗的隔热系数，即铝合金门窗隔绝热量的能力。K值越低，铝合金门窗的隔热能力越强，铝合金门窗的保温性能也就越强。

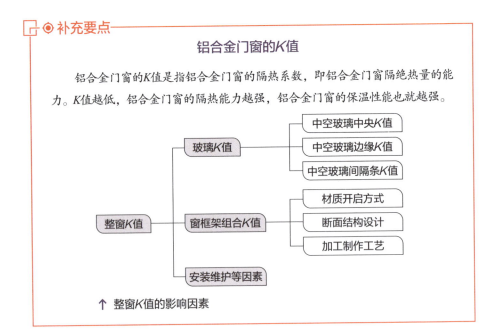

↑ 整窗K值的影响因素

3.1.3　五金件基本要求

铝合金门窗五金件是门窗各构件相互连接的元件，常用五金件有传动机构用拉手、施压拉手、传动锁闭器、滑撑、撑挡、插销、多点锁闭器、滑

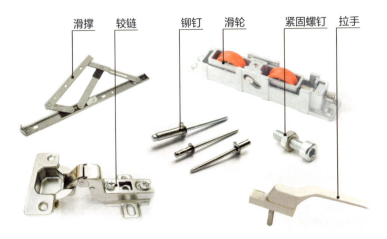

↑ 铝合金门窗主要五金件

铝合金门窗五金件一般不用铝合金型材，而是采用强度更高的镀锌铁合金、铜合金、不锈钢材质。这些材质能有效平衡铝合金的物理性能，强化整体结构，提高耐用性能。

轮、单点锁闭器、内平开下悬五金件等，且五金配件应当与型材相匹配。

门窗框扇连接、锁固用功能性五金配件的反复启闭性能应满足门窗反复启闭的耐久性要求。其中，门的反复启闭次数不小于10万次，窗的反复启闭次数不小于1万次。

3.1.4 密封与弹性材料基本要求

1. 常用密封胶条种类与适用范围

建筑门窗通过密封胶条来实现型材与玻璃之间、扇与框之间的闭合密封。密封胶条在门窗使用中主要起固定玻璃、缓冲、防水的作用。门窗常用密封胶条种类及适用范围见表3-5。

表3-5 常用密封胶条种类及适用范围

类别		框扇室内外密封胶条	框扇中间密封胶条	玻璃镶嵌密封胶条	可供选择的颜色	优点	缺点
单一材质胶条	三元乙丙密封胶条	√	√	√	黑色	综合性能优异，弹性与抗压缩变形良好，耐候性、耐热老化性、耐低温性、防火性能优良，耐臭氧性、耐化学药品性突出，使用寿命长	在一般矿物油与润滑油中膨胀量大，自粘性差
	硅橡胶类密封胶条	√	√	√	黑色、彩色、透明	弹性好、耐高低温，可重复使用且不易老化和变形，耐臭氧、导电性、电气绝缘很好	机械强度在橡胶材料中最差，不耐油

类别		框扇室内外密封胶条	框扇中间密封胶条	玻璃镶嵌密封胶条	可供选择的颜色	优点	缺点
单一材质胶条	热塑性硫化胶条	√	√	√	黑色、彩色	具有橡胶的柔性和弹性，耐热性、耐寒性良好	耐压缩永久变形和耐磨耗等不好
	增塑聚氯乙烯胶条	√	√	√	黑色、彩色	耐燃烧、耐腐蚀、耐磨、耐酸碱与各类化学介质，机械强度高	配合体系内增塑剂易迁移，长久使用变硬变脆、失去弹性，耐老化、耐候性及耐低温性能较差
	遇火膨胀胶条[a]	—	—	—	黑色	遇火灾可自动膨胀，封堵门缝隙，阻隔空气流通，防止火灾早期浓烟对人体的危害并控制火势蔓延	长时间使用，其弹性、柔软性变差
	阻燃密封胶条	√	√	√	黑色、彩色	抗压缩变形、耐老化性能良好，离火自熄，可延缓火焰蔓延	长久使用变硬变脆、失去弹性
复合材质胶条	夹线胶条	—	—	√	黑色	抗拉强度高、变形小、密封性能佳	胶条主体构造复杂，操作不当容易造成过度拉伸
	表面喷涂胶条	—	—	√	黑色	使用方便、使用高耐久、功能多样	胶条表面可能有颗粒或起泡，涂层处理不均匀现象

类别		框扇室内外密封胶条	框扇中间密封胶条	玻璃镶嵌密封胶条	可供选择的颜色	优点	缺点
复合材质胶条	软硬复合胶条	√	—	√	黑色	弹性和抗压缩变形良好，耐天候老化、耐臭氧、耐化学作用及耐高低温性能优异，长久使用不脱落	水密性能较差
	海绵复合胶条	√	√	√	黑色	密度小、轻便、强韧性较强，密封性能、缓冲性能及弹性优良	抗塌陷性能较差
	遇水膨胀胶条	—	—	√	黑色	价格低廉，遇水膨胀，防止渗漏，长时浸水，无溶解物析出，亲水膨胀性经长期的反复膨胀后仍没有失去	膨胀速度慢
	包覆胶条	√	—	—	黑色、彩色	安装便捷，抗老化、耐磨损、降噪声，使用寿命较长	价格相较其他密封胶条贵

注：ᵃ 遇火膨胀胶条在其他适当部位选用。

1. "√"为适用；"—"为不适用。
2. 增塑聚氯乙烯胶条不宜在型材表面材质上使用，应当使用聚甲基丙烯酸甲酯、丙烯腈苯乙烯丙烯酸酯材料。
3. 包覆胶条不适用于室外侧。

2. 检验密封与弹性材料

铝合金门窗材料搬运至施工现场时，应检查产品合格证或质量保证书等随行技术文件，或通过必要的测量、试验，验证其所标示的性能和质量指标值。性能和质量各项指标检验合格，方可进行加工，不合格材料及附件坚决不得安装。

密封与弹性材料应满足如下要求：

（1）门窗所用密封胶应具有黏结性。不相容或黏结强度不够的附件会变色。

（2）门窗玻璃镶嵌、杆件连接密封和附件装配所用密封胶，隐框窗中空玻璃密封胶应采用中空玻璃用硅酮结构密封胶。

（3）耐火型门窗用阻燃密封胶，且其耐火性能应不小于1.0h。耐火型门窗采用建筑用阻燃密封胶。

（4）选择单一材质或复合材质密封胶条，三元乙丙密封胶条主要用于框扇及玻璃镶嵌等部位的密封。

（5）耐火型门窗用密封胶条应选用遇火膨胀密封胶条。耐火型门窗采用建筑用阻燃密封胶和遇火膨胀密封胶条密封处理，其中遇火膨胀密封胶条主要用于门扇与门框、门扇与门扇之间。

（6）玻璃支承块、定位块等弹性材料宜采用氯丁橡胶材料。玻璃安装材料应与玻璃及周边材料相容。

┌─◎ 补充要点──────────────────────────────

门窗排水孔设计规范

1. 排水孔标准尺寸

铝合金窗排水孔标准尺寸为：两端5mm、水孔长度32mm，排水孔长度允许偏差±2mm。

2. 窗框排水孔位置

当开启扇或固定玻璃分格L＜400mm时，取中开1个排水孔。开启扇或固定玻璃分格L＞400mm，且固定玻璃分格L＜1400mm时，左右各距框内口80mm定为排水孔中线位置。固定框分格L＞1400mm时，于固定部分取中加开1个排水孔。

3. 窗扇排水孔位置

当扇宽度L＜600mm时，玻璃侧距扇内口120mm开1个排水孔，下边框取中开孔。扇宽度L＞600mm时，玻璃侧距扇内口120mm开1个排水孔，下边框左、右距边180mm各开1个水孔。

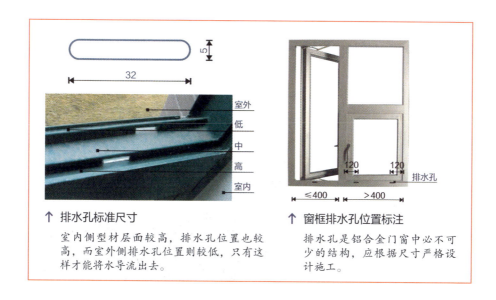

↑ 排水孔标准尺寸

室内侧型材层面较高，排水孔位置也较高，而室外侧排水孔位置则较低，只有这样才能将水导流出去。

↑ 窗框排水孔位置标注

排水孔是铝合金门窗中必不可少的结构，应根据尺寸严格设计施工。

3.2 铝合金型材加工生产

铝合金型材的生产过程比较复杂，根据最终成品使用要求确定加工生产方式。

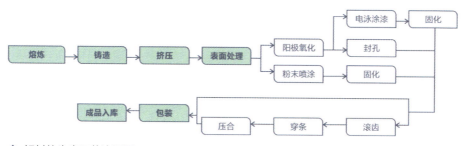

↑ 铝材的生产工艺流程图

3.2.1 模具制作

模具是金属塑性成形的工具，品种规格与结构形式多，消耗量大，需要经常更换。

首先，根据设计图纸要求来确定模具能否开模，完成模具设计与生产。然后，模具生产完成进行试模。试模时将模具加热，同时铝棒应加热到挤压所需的温度，挤压试样。接着，试样出来的半成品要对尺寸表面等进行仔细检验，如果不合格，应进行返修，待确认后可以进行模具设计。最后，试模最终完成并确定合格，将其发往模具仓库或直接加热用于挤压生产中。

↑ 模具钢材

模具在工作环境下受到一定的冲击载荷，容易发生折断、崩刃等形式的损坏，要求模具钢材应具有一定的韧性，避免损坏的发生。

↑ 挤压模具存放仓库

挤压工业铝型材品种繁多，模具也非常的多，这些模具应按模号及不同的分类进行有序摆放，方便使用查找。

3.2.2 熔铸

1. 配料装炉

需要生产铝合金标号，计算出各种合金成分的添加比例，配备铝锭与各种合金等原材料，将配好的原材料按工艺要求投入熔炼炉内。

2. 熔炼

加热熔炼、熔炼温度为740℃～750℃高温，融化铝锭，搅拌使成分及温度均匀，提升铝液温度以备调整成分及精炼，根据合金要求调整铝液成分比例。通过除气、除渣精炼手段将熔体内的杂渣、气体有效除去，提高铝液品质，并进行精密过滤。

3. 铸造

对熔炼好的铝液进行冷却，铸造成各种规格的圆铸棒。

4. 铸锭均匀化

采用580℃保温6h后快速冷却。

（a）高温熔炼原材料　　　　　　　　　　（b）成品铝棒

↑ 从铝锭到铝棒的生产过程

在主要原材料AL99.70以上铝锭中加入铝硅合金锭、镁锭等材料，通过高温加热熔炼、搅拌、精炼、打渣等工序，使用不同的结晶器，生产出不同直径规格的铝棒。

3.2.3　挤压处理

采用挤压机将加热好的铝棒从模具中挤出成形，具体过程如下：

1. 铝棒加热

温度控制在410℃～510℃。

2. 挤压

采用模具，经过挤压机挤压出各种规格的型材。

3. 调直

通过冷弯形矫正，拉直后消除型材弯曲、扭拧等缺陷，表面不能产生任何不平整现象。

4. 淬火

制品挤出后通过风扇对制品进行风淬降温，或采用水雾淬的方法降温。

5. 冷却

直接露置在空气中冷却。

6. 切头尾

头部和尾部会存在缺陷，需要进行切头尾的工作，切头尾的长度为300～400mm。

7. 切定尺

取每根制品的规定长度作为切定尺的标准。

8. 人工时效

严格按照时效工艺制度进行时效处理，提高合金强度，采用190℃～195℃保温3.5h左右，在采用强制风冷的工艺。

9. 包装入仓

对长度、强度等系列测量合格后，包装入仓。

（a）挤压机挤压铝棒　　　（b）型材切定尺　　　（c）各种结构和规格的成品型材

↑ 挤压作业生产线

高温加热铝棒，采用规定的模具，用挤压机挤压出各种规格的型材，并急速风冷或水冷，调直、锯切、装框。

3.2.4　表面处理

挤压好的铝合金基材，其表面耐蚀性不强，须通过表面处理来增加铝材的抗蚀性、耐磨性。主要有阳极氧化、着色、喷粉、喷涂、电泳、抛光等处理方式，其中粉末喷涂与氟碳喷涂工艺使用较多。

1.　阳极氧化

铝合金在阳极氧化过程中经电解，表面会形成氧化铝薄膜，氧化过的铝合金经过电解着色，可生产多种颜色。加工过程为：

（1）上架。将材料架到立式导电架上。

（2）前处理。对材料进行多重清洗，彻底洗净材料表面油污。

（3）阳极氧化。将铝型材置于电解质溶液中，形成氧化铝薄膜。

（4）着色。对氧化型材电解着色，颜色由浅变深可生产多种颜色。

（5）封孔。对氧化膜进行封孔处理。

（6）下架。铝型材滴干检测下架，包装入仓。

2.　电泳涂漆

在氧化基础上，通过电泳作用，即在氧化膜上覆盖一层水溶性丙烯酸漆膜，型材将具有更强的耐水性、耐耗性及耐磨性，表面更光滑美观。加工过程为：

（1）上架。将材料架到立式导电架上。

（2）前处理。进行多重清洗，彻底洗净材料表面油污。

（3）阳极氧化。将铝型材置于电解质溶液中，利用电解使其表面形成氧化铝薄膜。

（4）着色。在着色池中进行电解着色。

（5）电泳。将型材置于电泳池中，在氧化膜上覆盖一层水溶性丙烯酸漆膜。

（6）固化。进入固化炉，在180℃炉温中固化生成膜。

（7）晾料后下架，检验通过后包装入仓。

3. 粉末喷涂

通过静电在铝合金及其表面涂上一层粉末涂层，涂层的附着力、耐耗性、耐剥落能力以及抗紫外线能力较强。加工过程为：

（1）上架。将挤压完成的型材上架。

（2）前处理。在前处理区按规程彻底洗净材料表面油污后进行铬化。

（3）烘干。将铬化后的铝材置于炉中烘干。

（4）喷涂。进入喷涂区进行粉末喷涂。

（5）固化。让粉末在200℃温度下烘烤10min。

（6）晾料后下架，检验通过后包装入仓。

（a）铬化处理槽　　　　（b）烘干炉烘干处理　　　　（c）排列待喷涂的基材

↑ 粉末喷涂生产线

粉末喷涂生产线主要主由前处理、上下料输送系统、喷粉系统、粉末回收系统、固化烘干部份以及自动化控制部分组成。

4. 氟碳喷涂

通过静电作用，在铝合金及其表面喷上二氟乙烯，颜色鲜明、抗褪色、抗污能力优越。加工过程为：

（1）一次上架。将挤压完成的铝合金上架。

（2）前处理。对材料进行多重清洗，彻底洗净表面油污。

（3）铬化。在铬化池中进行铬化，表面将生成一种细密而稳定的铬化膜。

（4）烘干。将铬化后的铝材置于干燥炉内。

（5）二次上架。喷涂前进行局部打磨，确保材料平整无灰。

（6）油漆涂装。两涂一烤进行"底漆、面漆"涂装；三涂一烤进行"底漆、面漆、清漆"；四涂二烤进行"底漆、隔离漆、烘烤、面漆、清漆"。

（7）待烘烤固化后，包装入仓。

3.2.5　断桥处理

经过表面处理的铝型材在内外高导热性材料之间加入低导热性隔铝物做断桥处理，可让产品达到隔热要求，断桥方式有穿条式与注胶式两种。

1. 穿条式

（1）开齿。首先生产出带槽位的铝型材，然后将铝型材进行开齿处理，采用滚齿设备在槽位上开出0.5~1.0mm深的齿，以提高型材与隔热条复合后的抗剪力。

（2）插胶。在两种型材之间插入尼龙隔热条。

（3）滚压。用压合设备将两条型材与隔热条复合在一起，形成具节能性能的隔热铝型材。

（4）检验。取样检验抗剪力，检验通过后包装入仓。

2. 注胶式

（1）注胶腔封口。将型材的注胶腔封口。

（2）准备。A、B胶混合搅拌试样测试后进行注胶，型材及胶罐温度控制在20℃~30℃，避免温度过低导致胶体变脆。

（3）切桥。切断型材两边连接点处的基材即切桥，达到隔热要求。

（4）检验。取样检验抗剪力，检验通过后包装入仓。

3.3　铝合金型材生产工艺

铝合金型材有普通铝合金型材与隔热铝合金型材两类，其中隔热铝合

↑ 普通铝合金型材

↑ 增强尼龙隔热条与铝合金型材

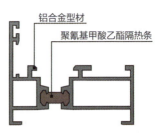

↑ 聚氰基甲酸乙酯与铝合金型材

金型材内、外层由普通铝合金型材组成，中间由导热性能低的非金属隔热材料连接成隔热桥，简称隔热型材。

3.3.1 热挤压型材工艺

目前，铝合金型材基本上都采用挤压方式生产。挤压加工只需要更换模具，就能在一台设备上生产形状、规格和品种不同的产品，加工成本低、效率高、操作简单。

↑ 铝合金热挤压型材

铝合金热挤压型材产品尺寸精度高，表面质量好，整体工艺流程简单，生产操作方便。

↑ 铝合金热挤压型材生产工艺流程图

铝型材挤压是将铝合金置入挤压筒内并施加一定的压力，使之从特定的模孔中流出。

1. 挤压筒、铝合金铸锭加热

挤压机在挤压成形生产前应对挤压筒预加热，预加热温度为430℃～450℃。建筑门窗用铝合金的加热温度上限为560℃。为了保证处理效果，一般采用450℃～510℃加热。

2. 挤压工具、模具加热

挤压工具在挤压使用前应当将模具和原料预加热到360℃～390℃，预热前须仔细检查工具尺寸和表面状况等，挤压工具表面不能有碰伤、划痕等现象。

3. 挤压成形

挤压成形时要控制挤压速度，挤压时要保证铝合金表面不产生裂纹、毛刺，同时要保证弯曲度、平面间隙，挤压速度越快越好。挤压速度受铝合金尺寸、挤压温度、制品形状等因素影响，根据实际情况选用适宜的挤压速度。

4. 淬火

对于6061、6063等常用铝合金型材淬火，6063型材应当采用风冷，6061型材应当采用水冷。

5. 拉伸矫直

铝合金型材挤压出来后，经过冷却可以对其进行拉伸矫直。拉伸率一般为0.8%～1.5%。拉伸矫直待在铝合金型材冷却至50℃以下时才能进行，否则容易产生开裂。

3.3.2 穿条式隔热型材工艺

采用条形隔热材料与铝合金型材相结合，经过机械开齿、穿条、滚压等工序形成隔热桥，将两部分型材通过隔热条连接，连接的隔热条能起到隔热断桥的效果。

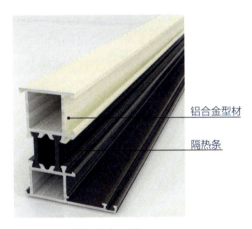

铝合金型材

隔热条

↑ 穿条式隔热铝合金型材

由铝合金型材和硬质塑料隔热条（简称隔热条）通过滚齿、穿条、滚压等工序进行结构连接而形成有隔热功能的复合型材。

| 型材上机摆放 | → | 滚齿 | → | 穿隔热条 | → | 滚压成型 | → | 检验 |

↑ 穿条式隔热型材生产工艺流程图

穿条式隔热型生产加工前必须准备好需要进行加工的型材与胶条,按生产计划单和图纸要求进行核对,确定无误后才能进行加工生产。

1. 滚齿

采用滚齿机在铝合金型材的隔热槽上压出锯齿状压痕,滚齿质量越高,抗剪强度就越高,滚齿后应检查滚出的齿形,深度为0.5～0.8mm。

2. 穿隔热条

将隔热条穿入铝合金型材的隔热槽内,连接两部分铝合金型材。首先,将一部分铝合金型材隔热槽口向上放置,预调好穿条机出料口的高度和宽度。然后,将另一部分铝合金型材隔热槽口朝下,叠放在槽口向上放置的型材上,使上、下两部分铝合金型材槽口对正。最后,启动穿条机送料开关,将隔热条穿入型材隔热槽内。

3. 滚压成型

滚压机能将铝合金型材的隔热槽压紧,使隔热条与铝合金型材牢固地连接起来。如果滚压力过小,隔热型材的纵向抗剪强度小,达不到标准要求;如果滚压力过大,隔热槽容易开裂,因此要控制好滚压力。

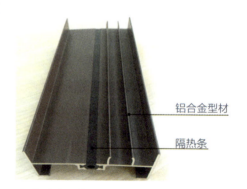

铝合金型材

隔热条

↑ 浇注式隔热铝合金型材

浇注式隔热铝合金型材将铝合金强度高与PU树脂导热系数低的特性相结合,具有多重优势。

3.3.3 浇注式隔热型材工艺

浇注式隔热型材的工艺简单,适用于对强度没有特殊要求的型材。通过设置型材输入速度与刀头速度,来调整最佳的打齿间隙、深度与高度。

↑ 浇注式隔热型材生产工艺流程图

浇注式隔热铝合金型材是将隔热材料浇注到铝合金型材的隔热腔体内，经过固化，去除断桥金属等工序形成隔热桥，从而阻隔热量的传导。

1. 注胶

注胶前应采用胶黏带封住铝合金型材隔热槽两端，以防止液态隔热材料溢出，调节好浇注口的角度和深度，浇注嘴与隔热槽呈75°。

2. 固化

浇筑后应当将隔热型材放置于室温等待固化。如果隔热材料为硬质聚氨酯泡沫塑料，温度为22℃时的固化时间为24h。如果隔热材料为聚氨基甲酸乙酯，温度为22℃时的固化时间为20min。

3. 切桥

切桥是将隔热型材与铝合金型材之间的临时金属桥切除，使铝合金型材之间不相连，仅通过隔热材料结合在一起，从而起到隔热作用，切桥应当在固化后进行。

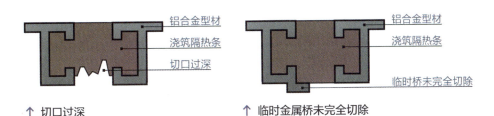

↑ 切口过深　　　　　　　　　　↑ 临时金属桥未完全切除

3.4　铝合金型材表面处理工艺

铝合金表面处理技术能提高铝合金材料的物理、化学性能与装饰审美。

铝合金型材表面的处理方式有阳极氧化处理、电泳涂漆处理和喷涂处理等（见表3-6）。

表3-6 表面处理膜特性比较

项目	阳极氧化膜	电泳涂漆膜	粉末喷涂膜	氟碳漆喷涂膜
耐候性	差	差	优	良
耐腐蚀性	优	优	良	良
颜色多样性	良	优	优	优
生产成本	良	良	优	优
生产工艺环保性	差	差	差	优

注：优＞良＞差。

3.4.1 阳极氧化处理工艺

阳极氧化处理工艺包括阳极氧化、电解着色、封孔处理。

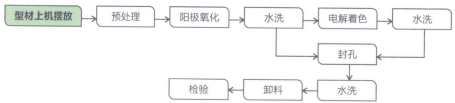

↑ 阳极氧化处理工艺流程图

表面处理技术能克服铝合金外表硬度、耐磨损性等方面缺陷，延长使用寿命，而阳极氧化技术比较成熟。

↑ 铝合金阳极氧化设备

铝合金阳极氧化设备包括全自动氧化设备、半自动氧化设备、手动氧化设备、氧化前处理设备等，应根据生产需求合理选用。

↑ 阳极氧化铝型材

阳极氧化铝型材是指铝合金采用电解液工艺，受外加电流作用，在铝合金型材表面形成一层氧化膜，阳极氧化铝外表可以通过电解着色。

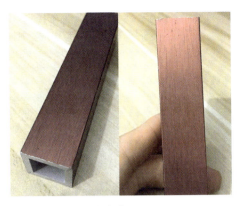

↑ 铝合金阳极氧化加工哑光效果

铝合金型材的哑光效果是在氧化过程中加入碱砂或酸砂。碱砂是将铝合金型材放入浓度较高的碱性溶液中，使铝型材表面腐蚀，而形成亚光效果；酸砂的原理与其相似，是让铝合金型材表面被腐蚀一部分，表面效果更自然，但是对铝型材会造成损耗，会产生废水，不环保。

↑ 电解着色后颜色丰富

获得透明度高的氧化膜后，可以吸附多种有机染料或无机颜料，氧化膜上可获得各种光亮鲜艳的色彩和图案，如经过多次着色或增添木纹图案等，使铝合金型材的外观更加美丽悦目。

1. 基材上料

将基材固定在导电杆上，保持接触良好。

2. 预处理

采用脱脂、碱洗、中和等技术处理。脱脂能去除铝型材表面附着的油脂、污垢、残屑等，能松化或去除型材表面的氧化膜。碱洗能调整铝合金型材表面的粗糙度，增加或减少铝合金型材表面的光亮度，碱洗温度为50℃~60℃。

3. 阳极氧化处理

电解质槽液主要为硫酸溶液，应当控制好硫酸的浓度，硫酸浓度为150~160g/L。

4. 电解着色

电解着色后能产生铝合金阳极氧化膜，着色后的铝合金阳极氧化膜性能较好，但是电解溶液的工艺成本较高。

5. 封孔

封孔能保证铝合金制品具有良好的耐腐蚀性、耐候性、耐磨性，从而获得较长的使用寿命。

3.4.2 电泳涂漆处理工艺

电泳涂装是将铝合金型材浸渍在装满电泳漆中阳极或阴极，同时在电泳漆中设置与其对应的阴极或阳极，在两极间通直流电，在铝合金型材上析出均匀的涂膜。

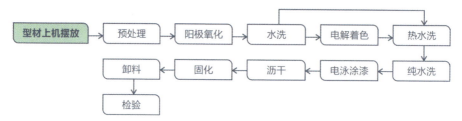

↑ **电泳涂漆处理工艺流程图**

电泳涂漆处理工艺是在电场作用下，在铝合金型材阳极氧化膜表面上沉积一层有机涂料膜，经高温固化成形。能使铝合金型材表面光洁程、色彩柔和，并突出金属的质感，能抵抗水、泥、砂浆和酸雨浸蚀，相比普通涂装效果要好。

↑ **电泳涂装阳极设备**

在电泳涂装中会不断产生有机酸，如不及时除去，进入槽液后会使pH值下降，影响槽液pH值稳定，影响泳透力及涂膜性能，可以通过使用半透膜来有效去除有机酸，维持整个生产的平衡。

↑ **电泳槽阳极电镀**

铝合金门窗型材多采用阳极电泳涂漆工艺，阳极电泳涂漆处理用的水溶性树脂是酸度较高的羧酸铵盐。

1. 基材上料、预处理、阳极氧化

基材上料、预处理、阳极氧化和电解着色处理工序见上文3.4.1阳极氧化处理工艺的相关内容。

2. 热水洗

使铝合金型材的阳极氧化膜扩张，以利于彻底清洗，避免杂质离子污染电泳槽液，同时能封闭阳极氧化膜，能提高铝合金型材的耐腐蚀性能。

3. 纯水洗

对铝合金型材进行清洗，能预防杂质进入电泳槽，使型材温度恢复到室温，避免型材在高温状态进入电泳槽，导致加速电泳槽液的老化。

4. 电泳涂漆

电泳涂漆决定了涂装质量，需要控制的参数主要有槽液的固体分、pH值、电泳温度、电导率、电泳电压和电泳时间等。

5. 烘烤固化

烘烤固化能促进固化剂与成膜树脂产生反应，使铝合金型材表面形成具有装饰性与保护性涂层。烘烤固化温度为190℃～200℃，固化时间约为30min。

◉ **补充要点**

木纹热转印

木纹热转印是指在电泳涂漆或粉末喷涂基础上，通过加热、加压，将转印膜上的木纹图案，快速转印并渗透到已经喷涂或电泳的铝合金型材上。

↑ **转印木纹铝合金型材**

　　热转印仿木纹是目前较为流行的一种表面处理方式，型材表面颜色丰富多样、具有极强装饰艺术效果。

↑ **转印木纹铝合金平开窗**

　　木纹铝合金开窗纹理清晰、立体感强，更能体现木纹的视觉效果。

3.4.3　喷涂处理工艺

　　喷涂处理工艺的机械强度、附着力、耐腐蚀、耐老化等优势明显，包括粉末喷涂与静电液相喷涂。

↑ **喷涂处理工艺流程图**

　　用静电喷粉设备将粉末涂料喷涂到工件的外表，在静电作用下，粉末会均匀地吸附于工件外表，形成粉状的涂层，粉状涂层经过高温烘烤流平固化，最终变成涂层。

↑ **静电粉末**

　　粉末涂料为无机溶剂型涂料，能减少污染，避免含有机溶剂而引起操作人员中毒，或因有机溶剂而引发爆炸。

↑ **静电粉末喷涂枪**

　　静电粉末喷涂是对喷枪施加负高压，对被涂工件做接地处理，使之在喷枪和工件之间形成高压静电场。

1. 预处理

表面预处理是指脱脂与化学转化处理。脱脂能去除铝合金型材表面附着的油脂、污垢、残屑等，去除型材表面的氧化膜。采用脱脂剂在基材表面形成一层化学转化膜，增强基材与涂层之间的附着性，并对基材起到保护作用。

2. 高温干燥处理

干燥温度不应高于70℃，磷-铬化处理的干燥温度不应高于85℃。如果温度过高会使表膜失去水分而开裂。

3. 喷涂处理

（1）静电粉末喷涂处理。利用高压静电将粉末喷涂枪将粉末涂料喷涂到铝合金型材表面，形成一层具有保护性和装饰性的有机膜。粉末涂料均匀地吸附在工件表面，经过固化处理，形成均匀、连续、平整、光滑的涂层。喷涂最佳距离为200~300mm。

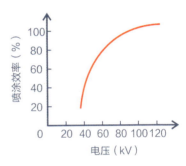

↑ 静电粉涂效率与电压的关系

当电压低于40kV时，喷涂效率仅约为20%，此后喷涂效率随着电压升高而增加，当电压60kV时，喷涂效率可达60%以上，电压继续升高，喷涂效率就缓慢增加。

（2）静电液相喷涂处理。对喷枪施加负高压，通过静电喷涂枪将液体涂料喷涂到铝合金型材表面，形成有机聚合物膜。丙烯酸漆和聚酯漆需喷涂2遍。氟碳漆喷涂需要喷涂3遍。喷涂最佳距离通常在200~300mm之间。

4. 烘烤固化

不同涂料的固化条件不同，应严格按涂料使用说明执行。粉末涂料固化温度要求为200℃/10min，氟碳漆固化温度要求为220℃/10min。

↑ **氟碳漆色卡**

　氟碳漆颜色多样，在选择氟碳漆颜色时，通常要对光泽度、表面效果等一次性确定。

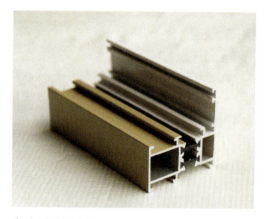

↑ **氟碳漆铝型材**

　经氟碳漆喷涂后的铝合金型材质地平和，表面质感为亚光状态，视觉审美效果较好。

📳⊚补充要点

铝合金窗与塑钢窗对比

　　塑钢窗适用于低层住宅，经过长时间的使用容易发生变形，存在一定的使用安全隐患。铝合金窗适用于高层建筑，铝合金窗价格比塑钢窗价格要高，铝合金窗的使用寿命较塑钢窗长，性价比要高。

↑ **铝合金型材**

　铝合金型材强度高、结构简单，外表色彩丰富多彩，质地丰富。

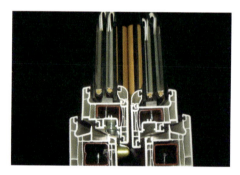

↑ **塑钢型材**

　塑钢型材强度不够，内部带有钢衬，结构复杂，外表色彩以白色为主，色彩单一。

第4章

玻璃

学习难度　★★☆☆☆

重点概念　平板玻璃、钢化玻璃、镀膜玻璃、中空玻璃

章节导读　铝合金门窗面积最大是玻璃，玻璃能增加建筑的采光性能、隔声性能，提高门窗的安全性能、保温性能。因此，玻璃的性能直接影响了铝合金门窗的性能。本章节详细介绍了平板玻璃、镀膜玻璃、中空玻璃、安全玻璃等玻璃品种。

↑ 落地窗窗玻璃

　　根据不同建筑结构类型、窗墙面积比等，通过节能计算，不同项目需要配置不同的中空层厚度与玻璃厚度。

4.1 平板玻璃

平板玻璃又称为是普通玻璃，具有透光、隔热、隔声等性能，具有一定的保温、吸热、防辐射等特性，广泛用于铝合金门窗中，且拓展品种丰富。

→ **普通平板玻璃**

普通平板玻璃为无色透明略带浅绿色，玻璃的薄厚应均匀，尺寸应规范，没有或少有气泡、波筋、划痕等疵点。

→ **掺有金属着色剂的有色平板玻璃**

有色玻璃是在普通玻璃中加入着色剂，使极小颗粒悬浮在玻璃体内，使玻璃着色，能够吸收太阳可见光，减弱太阳光的强度，玻璃在吸收太阳光线的同时自身温度提高，容易产生热涨裂。

4.1.1 平板玻璃分类

平板玻璃种类多样，厚薄不一，表面形态各异，可通过着色、表面处理、复合等各种工艺加工成多种产品。

1. 按厚度划分

可以分为有普通平板玻璃、薄玻璃、超薄玻璃、极超薄玻璃、厚玻璃、超厚玻璃、特厚玻璃。根据国家标准《平板玻璃》（GB 11614—2016）规定，净片玻璃按厚度可分为2mm、3mm、5mm、6mm、8mm、10mm、12mm、15mm、19mm、22mm、25mm等，不同厚度的平板玻璃用途也有一定差异，详情参见表4-1。

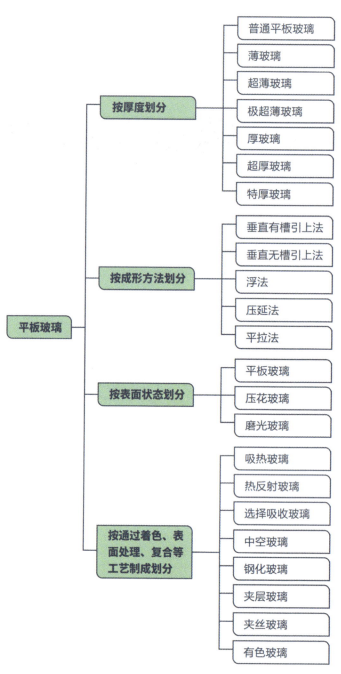

↑ 平板玻璃分类

表4-1　玻璃的厚度及用途

厚度（mm）	品种	用途
2～3	薄玻璃	小幅面画框装裱、梳妆镜面等
4～6	普通玻璃	外墙窗、门扇等透光构造
7～9	厚玻璃	室内屏风等较大面积且有框架保护的构造
10	较厚玻璃	室内大面积隔断、栏杆等装修
12～19	超厚玻璃	大尺寸玻璃隔断、建筑幕墙、银行柜台等
19～30	特厚玻璃	特殊建筑构造、工业器械、防爆器材等

┌─◉ 补充要点─

玻璃厚度的单位

玻璃厚度的单位为毫米（mm），又称为厘。通常所说的3厘玻璃，就是指厚度3mm的玻璃。

2. 按形成方法划分

有垂直有槽引上法、垂直无槽引上法、浮法、压延法、平拉法等。玻璃风化式样的成分，见表4-2。

表4-2　玻璃风化式样的成分　　　　　　　　%

品种	SiO_2	Al_2O_3	B_2O_3	Fe_2O_3	BaO	CaO	MgO	ZnO	Na_2O	K_2O	So_3
垂直引拉玻璃	72.5	2.4	—	0.3	—	6.2	3.7	—	13.4	1.2	0.2
浮法玻璃	71.5	1.2	—	0.1	—	8.2	3.9	—	13.9	1.1	0.1
压延玻璃	71.5	1.1	—	0.2	—	11.3	1.6	—	13.6	0.4	0.3
中铅玻璃	58.2	—	—	—	—	—	—	—	2.3	14.2	—
显像管玻璃	66.2	3.3	—	—	9.8	1.3	0.7	—	8.1	7.4	—
光学玻璃	68.8	—	10.0	—	2.7	—	—	—	8.9	8.4	—
器皿玻璃	75.4	—	0.8	—	—	4.7	—	0.9	17.3	1.0	0.1

3. 按表面状态划分

主要分为有普通平板玻璃、压花玻璃、磨光玻璃、浮法玻璃等。压花玻璃是将熔融的玻璃液在急冷过程中，通过带图案花纹的辊轴滚压而成的制品，可制成双面压花或单面压花。

→ 彩色压花玻璃

彩色压花玻璃具有透光不透形的特点，其表面有各种图案花纹且表面凹凸不平，当光线通过时产生漫反射，因此从玻璃的一面看另一面时，物象模糊不清。

4. 按制成工艺划分

主要分为有吸热玻璃、热反射玻璃、选择吸收玻璃、中空玻璃、钢化玻璃、夹层玻璃、夹丝玻璃、有色玻璃等。

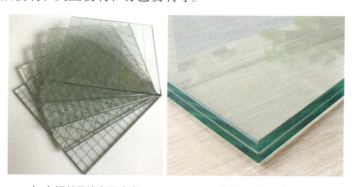

（a）钢丝网片夹层玻璃　　　　　（b）夹胶玻璃

↑ 夹层玻璃

夹层玻璃是由两片或多片玻璃，之间夹了一层或多层有机聚合物中间膜，经过抽真空或高温高压工艺处理后，使玻璃和中间膜永久黏合为一体的复合玻璃产品，通常夹层玻璃中间膜材质为PVB、SGP、EVA、PU等。

选购平板玻璃制品

　　检查玻璃内有无有气泡、结石和波筋。这些瑕疵破坏了玻璃制品的美观，而且会降低玻璃制品的机械强度和热稳定性，甚至会使制品自行碎裂。高质量的平板玻璃制品应呈现无色透明的或稍带淡绿色，玻璃的薄厚均匀。

4.1.2　生产工艺

　　平板玻璃的生产厚度只有5mm左右，而平板玻璃经过喷砂、雕磨、表面腐蚀，可以将加工成为屏风、黑板、隔断堵等使用。

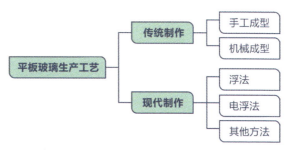

↑ 平板玻璃生产工艺

1. 传统制作

　　（1）**手工成型**。主要有吹泡法、冕法、吹筒法等，但是生产效率低，玻璃表面质量较差，已逐步被淘汰，且只有在生产艺术玻璃时采用。

　　（2）**机械成型**。主要有压延、有槽垂直引上、对辊、无槽垂直引拉、浮法等方法。

2. 新式制作

　　浮法是将玻璃液漂浮在金属液面上制得平板玻璃。如果在金属锡液面上持续的流入玻璃液，经过一段时间后，能得到不同厚度的玻璃带，继续将玻璃带经过退火、冷却等一系列的工序从而制成平板玻璃。

　　此外，电浮法是在锡槽内高温玻璃带表面，让铜铅等合金作为阳极，锡液作为阴极，最后接通电流，让各种金属离子能够使玻璃表面上色，或设置热喷涂装置生产表面着色的颜色玻璃、热反射玻璃等。

↑ 传统手工吹制玻璃

传统手工吹制玻璃成型方法主要依靠手感与经验，手工吹制成型劳动强度高、难度大，但能历经千年而不衰主要是生产这类制品的灵活性大、艺术性高。

↑ 传统机械制作

玻璃产品的成型及后期加工都采用机械来完成，大大提高了生产效率。

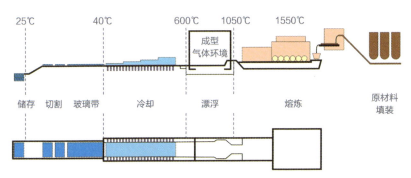

↑ 浮法玻璃的生产系统示意图

浮法玻璃是以海砂、硅砂、石英砂、岩粉、纯碱、白云石等为原料，在熔窑中经过1550℃~1580℃高温熔融后，注入熔融的锡金属液面上，使玻璃液靠自身的重力而均匀平摊于锡液上，再经拉引、逐步退火、裁割而成。

4.2 钢化玻璃

钢化玻璃的机械强度为普通玻璃的6倍，使用安全，具有优异的耐热冲击性能，但是不能对其进行切割或钻孔等后续机械加工。

4.2.1 钢化玻璃分类

钢化玻璃属于安全玻璃，广泛应用于高层建筑门窗、玻璃幕墙等行业。按平整度来分，可分为优等品和合格品，其中优等品钢化玻璃用于汽车挡风玻璃，合格品用于建筑铝合金门窗装饰。

钢化玻璃按形状可分为平面钢化玻璃和曲面钢化玻璃。一般平面钢化玻璃厚度为6mm、8mm、10mm、12mm、15mm、19mm等；曲面钢化玻璃厚度为5.6mm、7.5mm、9.2mm、11mm、14mm、17.8mm等，曲面钢化玻璃对每种厚度都有弧度限制。

↑ 平面钢化玻璃

平钢化玻璃具有较好的机械性能和热稳定性，常用作建筑物的门窗、隔墙、幕墙、橱窗等方面。

↑ 曲面钢化玻璃

曲面玻璃常用于汽车、火车等交通工具方面。

4.2.2 生产工艺

钢化玻璃采用普通平板玻璃在炉中加温，控制加温接近软化点时，用高速吹风骤冷制成。

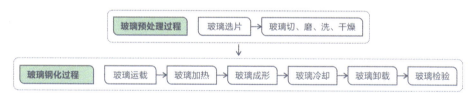

↑ 钢化玻璃的生产系统示意图

4.2.3 性能要求

1. 弯曲度

弯曲度仅适用于平面钢化玻璃，弓形时应不超过0.5%，波形时应不超过0.3%。

2. 抗弯强度

平面钢化玻璃的抗弯强度按规定进行测定，取试样30块，其强度的平均值不得低于200MPa。

3. 耐热冲击性能

钢化玻璃应耐200℃温差不破坏。取5块试样进行试验，当5块试样全部符合规定时认为该项性能合格。当有2块以上不符合时，则认为不合格。当有1块不符合时，重新追加1块试样，如果它符合规定，则认为该项性能合格。当有2块不符合时，则重新追加5块试样，全部符合规定时则为合格。

4. 碎片状态

取4块玻璃试样进行试验，每块试样在任何50mm×50mm区域内的最少碎片数必须满足表4-3的要求。且允许有少量长条形碎片，其长度不超过75mm。

表4-3　每块试样在区域内的最少碎片数

玻璃品种	公称厚度（mm）	最少碎片数（片）
平面钢化玻璃	3	30
	4～12	40
	≥15	30
曲面钢化玻璃	≥4	30

5. 热稳定性

钢化玻璃的耐温急变性，对3块试样进行试验，三块试样均不应破碎。

6. 外观质量

钢化玻璃的外观质量必须符合表4-4的规定。

表4-4　钢化玻璃的外观质量缺陷

缺陷名称	说明	允许缺陷数
爆边	每片玻璃每米边长上允许有长度不超过10mm，从玻璃边部向玻璃板表面延伸深度不超过2mm，从板面向玻璃厚度延伸深度不超过厚度40%的爆边个数	1条
划伤	宽度在0.1mm以下的轻微划伤，每平方米面积允许存在条数	长度≤100mm时，4条
	宽度大于1.1mm的划伤，每平方米面积允许存在条数	宽度0.1～1mm，长度≤100mm时，4条
夹钳印	夹钳印与玻璃边缘的距离≤20mm，边部变形量≤2mm	
裂纹、缺角	不允许存在	

7. 尺寸与误差要求

（1）平面钢化玻璃的尺寸由供需双方商定，其边长允许偏差应符合表4-5的规定。

表4-5　平面钢化玻璃的尺寸允许偏差　　　　　mm

玻璃厚度	长边的长度（L）			L>3000
	L≤1000	1000<L≤2000	2000<L≤3000	
3、4、5、6	+1、−2	±3	±4	±5
8、10、12	+2、−3			
15	±4	±4		
19	±5	±5	±6	±7
≥19	供需双方商定			

（2）曲面钢化玻璃的形状和边长的允许偏差、吻合度应由供需双方商定。

（3）钢化玻璃的厚度允许偏差应符合表4-6的规定。

表4-6　钢化玻璃的厚度允许偏差　　　　　　mm

名称	玻璃厚度	厚度允许偏差
钢化玻璃	4.0	± 0.3
	5.0	
	6.0	
	7.0	
	8.0	
	10.0	± 0.6
	12.0	± 0.8
	15.0	
	19.0	± 1.2

□─◉ 补充要点─

钢化玻璃自爆现象

　　由于玻璃中存在着微小的硫化镍结石，在热处理后一部分结石随时间会发生晶态变化，体积增大，在玻璃内部引发微裂，从而可能导致钢化玻璃自爆。

↑ **钢化玻璃自爆**

在自爆玻璃上可以看到蝴蝶纹，在光反射条件下可以看到爆心杂质，围绕着蝴蝶纹向外放射状呈现裂纹碎裂。

4.3 镀膜玻璃

镀膜玻璃又称反射玻璃，是在玻璃表面涂镀一层或多层金属化合物薄膜，以改变玻璃的光学性能，满足遮阳要求。镀膜玻璃按产品特性可分为阳光控制镀膜玻璃、低辐射镀膜玻璃（Low-E玻璃）和导电膜玻璃等。目前，建筑铝合金门窗用的镀膜玻璃主要是指前两者。

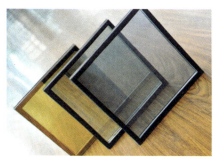

（a）中空镀膜玻璃　　　　　　　（b）镀膜玻璃加工设备

↑ 低辐射镀膜玻璃的加工制作

由于在寒冷气候条件下，单层玻璃会结霜导致产生水膜，妨碍低辐射膜对远红外线的反射，因此，低辐射镀膜玻璃多被制成中空玻璃，不单片使用。

4.3.1 阳光控制镀膜玻璃

阳光控制镀膜玻璃又称为热反射玻璃，对波长350～1800nm的太阳光具有一定控制作用，主要用于建筑铝合金门窗和玻璃幕墙。玻璃表面镀一层或多层金属或化合物组成的薄膜，呈现出丰富的色彩效果，对可见光有一定透射率，对红外线有较高的反射率，对紫外线有较高吸收率。

阳光控制镀膜玻璃表面镀层颜色有灰色、茶色、金色、银色、黄色、蓝色、绿色、蓝绿色、紫色以及玫红色等。

阳光控制镀膜玻璃属于半透明玻璃，具有单向透视特点，当膜层安装在室内一侧时，白天由室外看不见室内，晚上由室内看不见室外。在夏季光照强的地区，阳光控制玻璃的隔热作用十分明显，可有效衰减进入室内的太阳热辐射。在夜晚或阴雨天气，其隔热作用与普通玻璃无差别。

↑ 热反射镀膜玻璃镜片效应

白天从光强一面向建筑玻璃看去，玻璃可将周围景物反射，视线却无法透过玻璃。

↑ 热反射镀膜玻璃夜晚透视效应

从光弱一面看，对里面的景物则一览无余，夜晚则恰恰相反。

4.3.2　低辐射镀膜玻璃

低辐射镀膜玻璃又称为Low-E玻璃，是一种对波长范围在5~25μm的远红外线有较高反射比的镀膜玻璃，在玻璃表面镀由多层银、铜、锡等金属或其化合物组成的薄膜，对可见光有较高透射率，对红外线有很高反射率，具有良好的隔热性能，主要用于建筑、汽车、船舶等。

低辐射镀膜玻璃根据不同型号，一般分为高透型玻璃、遮阳型玻璃和双银型玻璃。

1. 高透型玻璃

有着较高的太阳能透过率，可让冬季的太阳热辐射透过玻璃进入室内，能增加室内的热能，适用于北方寒冷地区。

2. 遮阳型玻璃

具有较低的太阳能透过率，能够有效阻止太阳热辐射进入室内，适用于南方地区。

3. 双银型玻璃

突出玻璃对太阳热辐射的遮蔽效果，将普通玻璃的高透光性与太阳热辐射的低透过性相结合，适用范围不受地区限制。

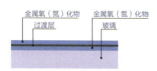

↑ 阳光控制镀膜玻璃窗

阳光控制镀膜玻璃窗具有较高的可见光透射率、红外线反射率、优良的隔热性能、较低的传热系数等，采光自然、效果通透，能够有效避免光污染。

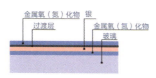

↑ 单银Low-E玻璃

单银Low-E玻璃适宜可见光透过率和较低的遮阳系数，对室外的强光具有一定的遮蔽性，红外线反射率较高，能够限制室外的二次热辐射进入室内。

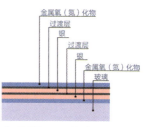

↑ 双银Low-E玻璃

双银Low-E玻璃的膜层中有双层银层面而得名，膜系结构较复杂，且与普通Low-E玻璃相比，在可见光透射率相同的情况下，具有更低太阳能透过率。

◉ 补充要点

导电膜玻璃

导电膜玻璃全称为氧化铟锡透明导电膜玻璃，在高度净化的环境中，利用平面磁控技术，在超薄玻璃上溅射氧化铟锡导电薄膜镀层，经高温退火处理而成。导电膜玻璃广泛地用于液晶显示器、太阳能电池、微电子导电膜玻璃、光电子和各种光学领域。

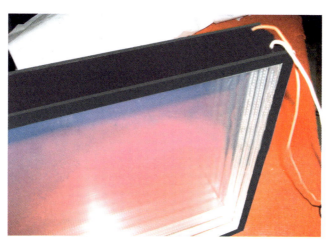

↑ 多层中空导电膜玻璃

多层中空导电膜玻璃主要用于建筑外墙玻璃与铝合金门窗玻璃，通过电加热，让玻璃表面不产生水雾，以保持长期透明的状态。

4.4 吸热玻璃

吸热玻璃是在普通玻璃的配合料中加入着色剂，或在平板玻璃表面喷镀一层或多层金属氧化物薄膜制成。吸热玻璃能吸收太阳热能、可见光和紫外线，并且具有一定透视性能，透过它可以清晰地看到室外景物。吸热玻璃被广泛用于炎热地区建筑的门、窗、幕墙等建筑。

4.4.1 吸热玻璃规格

吸热玻璃应为矩形，长宽比不大于2.5，厚度为4mm、5mm、6mm的玻璃不小于600mm×400mm。

↑ 多种颜色的吸热玻璃

吸热玻璃又称为有色玻璃，是指加入彩色艺术玻璃着色剂后呈现不同颜色的玻璃。

↑ 吸热平板玻璃

吸热玻璃以普通玻璃为玻璃原片，加入着色剂后变成有色玻璃，能够吸收太阳可见光，减弱太阳光的强度。

4.4.2 吸热玻璃性能要求

1. 光学性能

吸热玻璃的光学性能要求，详情见表4-7。

表4-7　吸热玻璃的光学性能要求　　　　　　　　%

颜色	可见光透射比	太阳光直接透射比
茶色	≥42	≤60
灰色	≥30	≤60
蓝色	≥45	≤70

注：吸热玻璃的光学性能用可见光透射比和太阳光直接透射比来表达，二者的数值换算成为5mm标准厚度的值。

2. 外观质量

吸热玻璃的外观质量要求，详情参见表4-8。

表4-8　吸热玻璃的外观质量要求

缺陷种类	说明	特选品	一等品	二等品
波筋	允许看出波筋的最大角度	30°	45°；50mm边部，60°	60°；100mm边部，90°
气泡	长度1mm以下的	不允许集中气泡	不允许集中气泡	不限
	长度大于1mm的，每1m²面积允许个数	<6mm，6个	<8mm，8个；<8～10mm，2个	<10mm，10个；<10～20mm，2个
划伤	宽度0.1mm以下的，每1m²面积允许条数	长度<50mm，4条	长度<100mm，4条	不限
	宽度>0.1mm的，每1m²面积允许条数	不许有	宽0.1～0.4mm，长<100mm，1条	宽0.1～0.8mm，长<100mm，2条
砂粒	非破坏性的，直径0.5～2mm，每1m²面积允许个数	不许有	3个	10个
疙瘩	非破坏性的透明疙瘩，波及范围直径≤3mm，每1m²面积允许个数	不许有	1个	3个
线道	非破坏性的线条，每1m²面积允许个数	不许有	30mm边部允许有宽0.5mm以下的1条	宽0.5mm以下的1条

注：1. 集中气泡是指100mm直径圆面积内超过6个。
　　2. 延续的砂粒，90°角能看当线道论。

3. 边角缺陷

吸热玻璃的边部凸出或残缺部分不得超过3mm，1片玻璃只允许有1个缺角，沿原角等分线测量不得超过5mm。

4. 弯曲度、尺寸偏差

吸热玻璃的弯曲度应≤0.3%，尺寸偏差应不得超过 ± 3mm。

5. 厚度偏差

吸热玻璃的厚度偏差，详情见表4-9。

表4-9　吸热玻璃的厚度偏差要求　　　　　　mm

厚度	允许偏差
2	± 0.15
3	± 0.20
4	± 0.20
5	± 0.25
6	± 0.30

◎ 补充要点

辨别中空玻璃的优劣

1. **切密封胶截面**。如果出现小气孔，可能是手工打胶，空气进入了密封胶中，也可能是密封胶机械打胶混入空气。这样都会缩短玻璃的使用寿命。

2. **划开玻璃的四个连接角**。检查丁基胶是否有效包裹所有连接角，尽量采用连续弯管式铝条或用丁基胶对四个连接角进行有效包裹，可以延长中空玻璃的使用寿命。

3. **撕开密封胶**。如果撕开密封胶后，玻璃表面比较光滑，且没有残留胶，则说明密封胶和玻璃表面没有黏结力，密封效果较差或无密封效果。

4.5 中空玻璃

中空玻璃是密封玻璃，水汽不容易进入玻璃内腔，不会结霜、遇热结露，能起到隔声、隔热作用。

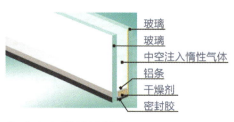

↑ 中空玻璃构造示意图

由于中空玻璃中有密闭的空气或惰性气体，对热、声绝缘性能很好，能提高中空玻璃的保温性能。

↑ 中空玻璃外观结构

中空玻璃的主要具有良好的隔热保温、隔声、抗结露、降低冷辐射等特性。

4.5.1 中空玻璃分类

中空玻璃按层数可分为双层中空玻璃、三层中空玻璃、四层中空玻璃。按其使用功能可分为多种，如普通中空玻璃、隔热中空玻璃、遮阳中空玻璃和散光中空玻璃等。常见的中空玻璃的分类，见表4-10。

表4-10 按使用功能划分的中空玻璃

名称	特点	图例
普通中空玻璃	采用两层平板玻璃制作，间隔层为空气，节能、隔声、防霜、防露	
钢化中空玻璃	采用钢化玻璃制作的中空玻璃，比普通中空玻璃强度更大	

名称	特点	图例
夹丝中空玻璃	采用夹丝玻璃,碎片不落下,进一步提高了安全性,但是玻璃中有网格,会影响视线	
隔声中空玻璃	采用各种不同厚度的玻璃,玻璃间距不同,具有很好的隔声效果	
隔热中空玻璃	采用热反射镀膜玻璃制成的双层中空玻璃,间隔层充入惰性气体	
遮阳中空玻璃	采用热反射膜镀膜玻璃、低辐射膜镀膜玻璃、光致变色玻璃等制作,可降低太阳透射热量	
散光中空玻璃	采用压花玻璃或用玻璃纤维填充间隔层等,能提高采光的均匀性,并降低太阳透射热量	
电热中空玻璃	采用导电镀膜玻璃,使玻璃室内表面温度高于露点,不会形成水汽或结露、结霜	
发光中空玻璃	采用发光的惰性气体充入间隔层,用以装饰灯光橱窗和灯光广告等	

名称	特点	图例
透紫外线中空玻璃	采用可透过紫外线的玻璃原片，使紫外线能较多地进入室内，适用于露台阳光房和花园景观房	
防紫外线中空玻璃	采用吸收紫外线的玻璃原片，使室内不受或少受紫外线影响	
防辐射中空玻璃	采用能阻滞射线的玻璃，使室内不受或少受辐射，适用于生产、科研、医疗等特殊行业	

4.5.2 生产工艺

中空玻璃生产经过焊接、熔接、胶接等工艺发展，以胶接工艺为主。

1. 焊接法

将两片或两片以上玻璃，将四边的表面镀上锡与铜涂层，通过金属焊接将玻璃与铅制密封框密封相连。焊接法耐久性较好，所需加工设备多，生产需要用较多的有色金属，生产成本高。

2. 熔接法

采用高频电炉，将两块材质相同的玻璃边缘，同时加热至软化温度，再用压机将其边缘加压，使两块玻璃的四边压合成一体，在玻璃内的空腔充入干燥惰性气体。玻璃耐久性好且不漏气，但是产品规格小，选用玻璃厚度为4~5mm，难以实现批量机械化生产，产量低。

↑ 加工设备

加工制作中空玻璃的机械设备主要包括清洗设备、合片设备及涂胶设备等。

↑ 丁基密封胶

丁基密封胶是一种单组分密封胶，具有优异的耐老化、耐热、耐酸碱性能、气密性能和电绝缘性能。

3. 胶接法

将两片或两片以上玻璃之间，采用装有干燥剂的凹槽铝合金框分开，并用密封胶密封，胶接产品适用范围广、生产工艺成熟。

4. 胶条法

将两片或两片以上玻璃的周边用胶条黏贴，且胶条中加入干燥剂，并有连续铝片，黏结成具有一定空腔厚度的中空玻璃。

↑ 中空玻璃密封胶条

中空玻璃密封胶条用于黏贴中空玻璃四周密封，同时还采用聚氨酯密封胶辅助。

↑ 密封好的中空玻璃

中空玻璃内部要对空气抽出处理，面积较大的玻璃还要注入惰性气体，如氮气等。

中空玻璃产品主要为槽铝合金框式中空玻璃和胶条法中空玻璃，前者技术成熟，但是加工工艺较复杂。后者的生产工艺简单，是目前市场主流。

4.5.3　性能要求

1. 隔热保温性能

为了提高中空玻璃的保温性能，还能在中空玻璃空气腔中填充氮气、氩气、氪气等惰性气体，或通过不等厚度的中空玻璃构成。

2. 隔音性能

普通中空玻璃能降低噪声约为35dB，选用非等厚玻璃，采用夹胶或无金属间隔条等措施，可以使噪声衰减50dB左右。

3. 防结露、降低冷辐射性能

中空玻璃边框内部有干燥剂，因此内部不会产生凝露现象。中空玻璃的隔热性能较好，玻璃两侧的温度差较大，还可以降低冷辐射的作用。

4. 安全性能

使用中空玻璃可以提高玻璃的安全性能，中空玻璃的抗风压强度是普通单片玻璃的2倍。

5. 尺寸与误差要求

中空玻璃的长度与宽度允许偏差、厚度允许偏差，应符合表4-11和表4-12的规定与要求。

表4-11　中空玻璃的长、宽、厚偏差要求　　　　　　mm

项目	尺寸规格	允许偏差
长度宽度	＜1000	±2.0
	1000～2000	±2.5
	＞2000～2500	±3.0
厚度	≤6	±1.0
	＞6	±2.0

◉ 补充要点

铝合金门窗玻璃选用原则

铝合金门窗的玻璃首选择中空玻璃，虽然造价较高，但其隔热性能优良。可以根据建筑玻璃特性进行合理选择，详情可参考表4-12。

表4-12　不同建筑部位玻璃的选择

玻璃品种	门	窗	室内隔断	屋顶斜窗
钢化玻璃	●	●	●	●
吸热玻璃	○	●	—	○
普通夹层玻璃	○	●	○	○
钢化夹层玻璃	●	●	●	●
热反射镀膜夹层玻璃	○	●	○	○
普通中空玻璃	●	●	●	●
Low-E吸热中空玻璃	—	●	—	●
钢化中空玻璃	●	●	●	●
热反射镀膜中空玻璃	—	●	○	●
夹层中空玻璃	○	●	—	○
夹层钢化中空玻璃	●	●	—	●
Low-E钢化中空玻璃	—	●	—	○
Low-E钢化夹层中空玻璃	○	●	—	○

注：●表示非常适合，且价格高；○表示适合，价格适中；—表示不适合。

第 5 章

五金配件

学习难度　★☆☆☆☆

重点概念　拉手、铰链、滑撑、滑轮、撑挡、锁闭器、内平开
　　　　　下悬五金件

章节导读　五金配件是铝合金门窗完成开启、关闭、固定的部
　　　　　件，主要分为门锁、拉手、滑撑、撑挡、铰链等，
　　　　　门窗配件采用的效果差异非常大。本章节详细介绍
　　　　　了这些门窗五金配件与选用方法。

↑ 建筑门窗五金件

　　五金件是建筑门窗中容易受到磨损的部件，五金配件的质量直接影响到门窗的使用寿命与门窗的安全性、气密性等。

5.1 拉手

铝合金门窗用拉手主要包括旋压拉手、传动拉手、双面拉手等。

5.1.1 旋压拉手

旋压型拉手是通过传动手柄，实现门窗开关、锁定功能的开关装置。通过对旋压拉手施力，可以控制门窗开关与门窗扇的锁闭或开启，分为左旋压拉手、右旋压拉手控制左、右开启方向的门窗扇。

↑ 旋压拉手配件

旋压拉手是根据人体工程学设计，配合了人体本能的开启动作，提供前所未有的简易操作功能。

↑ 平开窗上的旋压拉手

旋压拉手反复开关1万次后，旋压位置的变化应不超过0.5mm。

1. 代号、标记

（1）**名称代号：** 旋压拉手XZ。

（2）**参数代号：** 旋压拉手自身的高度，旋压拉手在型材上的安装距离。

（3）**标记示例：** 旋压拉手高度10mm，标记为XZ10。

2. 适用范围

适用于：窗扇面积不大于0.3m²，扇对角线不超过0.8m的小尺寸铝合金平开窗，且扇宽应小于800mm。

5.1.2 传动拉手

传动机构是拉手与传动锁闭器、多点锁闭器一起使用的开关装置，通过操纵拉手驱动传动锁闭器或多点锁闭器，实现门窗的开关与锁紧。传动机构用拉手分为方轴插入式和拨叉插入式两种。

1. 代号、标记

（1）**名称代号：** 方轴插入式拉手FZ，拨叉插入式拉手BZ。

（2）**参数代号：** 拉手基座宽度与方轴长度。

（3）**标记示例：** 传动机构用方轴插入式拉手，基座宽度28mm，方轴长度30mm，标记为FZ28-30。

2. 适用范围

适用铝合金门、窗，与传动锁闭器、多点锁闭器等配合使用，不适用于双面拉手。

↑ 多点锁闭器与传动机构用拉手

传动机构用拉手并不能对门窗进行锁闭，必须通过与传动锁闭器或多点锁闭器一起使用，才能实现门窗开关。

↑ 平开窗上的传动机构用拉手

传动机构用拉手为单面拉手，使用拉手反复开关2万次后，开启、关闭自定位位置与原设计位置偏差应小于5°。

5.1.3 双面拉手

双面拉手分别安装在门窗扇的内外两面，拉手手柄采用锌合金压铸，活动卡位与内部档点控制手柄旋转角度，由弹片来实现回位功能。

↑ 双面拉手

双面门拉手螺丝长度应根据型材扇料的厚度选用，方轴长度通常可以定制。

↑ 平开窗上的双面拉手

双面门拉手通常带锁，且有双面开启和关闭功能。

5.2 铰链、滑撑、撑挡

铝合金门窗中的铰链、滑撑、撑挡都是控制门窗开关、闭合的重要元件。

5.2.1 铰链

铰链又称为合页，应用于铝合金平开窗框与扇之间的连接，支撑门窗重量，实现门窗开关的装置，主要分为门用铰链和窗用铰链。

1. 代号、标记

（1）**名称代号：** 门用铰链MJ，窗用铰链CJ。

（2）**参数代号：** 承载质量（kg）。

（3）**标记示例：** 一组承载质量80kg的窗用铰链，标记为CJ80。

↑ 铰链

铰链安装于门窗扇的转动侧边，常组成两折式，是连接物体两个部分并能使之活动的部件。

↑ 平开窗中部的铰链

铰链用在平开窗侧边上、下部，不能提供像滑撑一样的摩擦力，因此它与撑挡一起使用，以避免当窗户开启的时候，风力将窗扇吹回并损坏。

2. 适用范围

适用于铝合金平开门、平开窗，可根据产品门窗承载质量、门窗型尺寸、门窗扇的高宽比等情况综合选配。门窗铰链的种类见表5-1。

表5-1　铝合金门窗铰链品种

序号	名称	特点	用途	图例
1	普通铰链	铁质、铜质、不锈钢材质，无弹簧铰链的功能，必须加装上各种碰吸，否则风会吹动门窗扇	无需限位，自由开关的铝合金门	
2	重型门铰链	铜质、不锈钢质，其中铜质轴承铰链使用较多，其式样美观，价格适中，铰链的每片页板轴中均装有单向推力球轴承一个，门开关轻便、灵活	重型铝合金门或钢骨架门上	
3	加重型门铰链	表面烤漆，大号用钢板制成，小号用铸铁制成	加厚铝合金边框配多层中空玻璃门或保温门上	

序号	名称	特点	用途	图例
4	扇形铰链	扇形铰链的两个页片合起来的厚度为普通铰链的50%左右	需要转动开关的轻型门窗上	
5	无声铰链	门窗开关时，铰链无声，配有尼龙垫圈	小型铝合金窗扇	
6	单旗铰链	不锈钢质，耐锈耐磨，拆卸方便	双层铝合金窗上	
7	翻窗铰链	安装在窗框两侧与窗扇两侧，其中一块带槽的无心轴负板，须装在窗扇槽一侧，便于窗扇装卸	工厂、仓库、住宅等活动铝合金翻窗上	
8	多功能铰链	当开启角度小于75°时，自动关闭；在75°~90°角位置时，自动稳定；启角度大于95°时，自动定位	阳台铝合金门	
9	防盗铰链	通过铰链两个叶片上的销子与销孔的自锁作用，可避免门扇被卸，从而起到防盗作用	卫生间铝合金门	
10	弹簧铰链	使铝合金门扇开启后自动关闭，单弹簧铰链只能单向开启，双弹簧铰链可以里外双向开启	公共建筑物的铝合金大门上	
11	双轴铰链	使门扇自由开启、关闭以及拆卸	普通铝合金门窗扇	

5.2.2 滑撑

滑撑用于外平开窗和外开上悬窗上，是支撑窗扇实现开关、定位的装置，分为外平开窗用滑撑和外开上悬窗用滑撑。

↑ **滑撑**

滑撑用于铝合金窗的上方角部，包括滑轨、滑块、托臂、长悬臂、短悬臂、斜悬臂，滑块装于滑轨上，长悬臂铰接于滑轨与托臂之间，短悬臂铰接于滑块与托臂之间，斜悬臂铰接于滑块与长悬臂之间。

↑ **平开窗侧面处滑撑**

滑撑能提供一定摩擦力，能单独使用，用在平开窗上面的滑撑与用在上悬窗上面的滑撑在于同窗框连接的外臂的长短不一样。

1. 代号、标记

（1）**名称代号：** 外平开窗用滑撑PCH，外开上悬窗用滑撑SCH。

（2）**参数代号：** 承载质量与滑槽长度。

（3）**标记示例：** 滑槽长度为300mm，承载质量为30kg的外平开窗用滑撑，标记为PCH30-300。

2. 适用范围

适用于铝合金外开上悬窗，窗扇开启最大极限距离300mm时，扇高度应小于1200mm，外平开窗扇宽度应小于800mm。

5.2.3 撑挡

撑挡是铰链或滑撑配合使用的装置，用于铝合金外开上悬窗、内开下悬窗、内平开窗，将开启的窗扇固定在预设位置上。

撑挡分锁定式撑挡、摩擦式撑挡。锁定式撑挡能使窗扇不发生角度变化，摩擦式撑挡能使窗扇固定在预设位置，在外力作用下，窗扇能在开关方向发生缓慢角度变化。当风力过大时，摩擦式撑挡难以完全固定窗扇。

↑ **撑挡**

撑挡一般用在窗下方角部，或中下部位，用于开窗上可以固定窗扇，且具有一定的抗风能力。

↑ **上悬窗上部的撑挡**

当上悬窗长宽超过800mm时，应配合撑挡使用。

1. 代号、标记

（1）**名称代号：** 内平开窗锁定式撑挡PSCD，内平开窗摩擦式撑挡PMCD，悬窗锁定式撑挡XSCD，悬窗摩擦式撑挡XMCD。

（2）**参数代号：** 撑挡支撑部件最大长度。

（3）**标记示例：** 如支撑部件最大长度200mm的内平开窗用摩擦式撑挡，标记为PMCD200。

2. 适用范围

适用于铝合金内平开窗、外开上悬窗、内开下悬窗。

5.3　滑轮

　　滑轮能承受门窗扇的重量，将重力传递到框材上，并在外力作用下，通过自身滚动使门窗扇沿边框轨道运动。滑轮主要用于推拉门窗扇底部，滑动

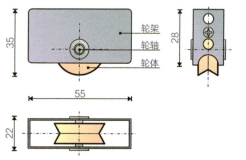

↑　固定型滑轮结构

固定型滑轮的滑轮架和滑轮座采用固定结构连接，滑轮前后平行移动，滑轮可以绕中心轴旋转。

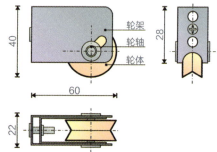

↑　可调型滑轮结构

可调门窗滑轮将滑轮架和滑轮座采用活动结构连接，并且通过长圆形滑轮架安装孔和调节螺钉的配合来实现滑轮架的垂直位移，因此可以方便使滑轮上下运动，从而调整门窗之间的间隙。

灵活，能够承受门窗扇重量且能灵活滑动，使用寿命长。

铝合金门窗用滑轮按结构可以分为可调型与固定型两种，按材质可分为木质滑轮、塑料滑轮、金属滑轮，见表5-2。

表5-2　滑轮材质分类

序号	名称	特点		图例
1	木质滑轮	承重力不佳，不耐磨，防水性不好，容易吸水导致结构疏松	重量较轻的木质门窗	
2	塑料滑轮	具有实用性与装饰性，承重、抗磨损、防水、防腐蚀性能较好，能长期使用	淋浴房、铝合金推拉门	
3	金属滑轮	材料多样，色彩丰富，硬度大，且承重力、耐磨、防水性能较好，防腐蚀性能不佳，容易生锈	重量较大的门窗	

1. 代号、标记

（1）**名称代号：**门用滑轮代号分别为ML；窗用滑轮代号CL。

（2）**参数代号：**承载重量。

（3）**标记示例：**单扇窗用一套承载质量为50kg的滑轮，标记为CL50。

2. 适用范围

适用于各类推拉铝合金门窗。

5.4　锁闭器

锁闭器能控制门窗扇开关的装置，能实现平开门窗、悬窗的多点锁闭功能，分为单点锁闭器、多点锁闭器、传动锁闭器三种。

5.4.1 单点锁闭器

单点锁闭器对推拉门窗实行单一锁闭，包括半圆锁、钩锁。半圆锁又称为月牙锁，用于两推拉扇间，形成单一的锁闭点。钩锁用于推拉扇和边框之间，形成单一锁闭点。单点锁闭器在经过2万次反复开关试验后，开启、关闭自定位的位置应保持正常，操作力应小于2N。

（a）短柄月牙锁

（b）长柄月牙锁

（c）住宅月牙锁门窗

↑ 半圆锁（月牙锁）
半圆锁是单点锁闭器形似月牙，能起到开启关闭作用，具有一定防盗功能。

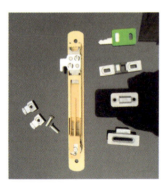

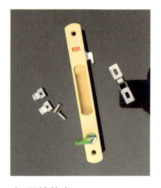

↑ 钩锁背面
钩锁包括锁壳和拨动件，拨动件安装于锁壳背面，可在锁壳内来回运动，用来带动拨动叉或其他部件运动，从而实现门窗开关。

↑ 开锁状态
开启或锁闭通过钩锁拨动件来实现，开锁显示绿色，锁闭显示红色。

↑ 安装钩锁的门窗
推拉门窗使用钩锁锁紧，如果拨动件与锁壳配合不好，很容易在自身重力下或门窗受到风吹产生轻微振动等状况下自动滑落，造成磨损。

1. 代号、标记

（1）**名称代号：**单点锁闭器TYB。

（2）**参数代号：**固定螺丝间距或无。

（3）**标记示例：**单点锁闭器TYB。

2. 适用范围

单点锁闭器仅适用于推拉铝合金门窗。

⊙ 补充要点

简单区分门窗月牙锁安装方向

通常窗户锁芯分为左、右两种方向，安装完成后，当开启锁时锁把手朝下，关闭时锁把手朝上。

左扇窗朝里选择左方向　　**右扇窗朝里选择右方向**

↑ 辨别月牙锁安装方向

5.4.2　多点锁闭器

多点锁闭器分为齿轮驱动式和连杆驱动式两类，上、下两个方向都可以加带锁点，能实现远距离多点锁闭。多点锁闭器在经过2万次反复开关后也能操作正常，不影响正常使用，且锁点、锁座工作面磨损量应小于1mm。

1. 代号、标记

（1）名称代号： 齿轮驱动式多点锁闭器CDB，连杆驱动式多点锁闭器LDB。

（2）参数代号： 锁点数量。

（3）标记示例： 3点锁闭的齿轮驱动式多点锁闭器标记为CDB3。

2. 适用范围

多点锁闭器适用于推拉铝合金门窗，实现多点锁闭功能。

（a）门拉手与锁配件　　　　　（b）多点锁锁体　　　　　（c）多点锁连杆局部

↑ 多点锁闭器配件

多点锁体形式多样，与门窗拉手相配套使用。普通多点锁闭器有8530、8535、8540、9230、9235等多种规格型号可供选择。

5.4.3 传动锁闭器

传动锁闭器是控制门窗扇开关的传动装置，与传动机构中的拉手配套使用，能共同完成对铝合金门窗的开关控制。传动锁闭器在经过2万次开关循环后，各构件应不扭曲、不变形、不影响正常使用，框扇间距应小于1mm。

1. 代号、标记

（1）**名称代号：** 铝合金门窗用齿轮驱动式传动锁闭器M（C）CQ，铝合金门窗用连杆驱动式传动锁闭器M（C）LQ。

（2）**参数代号：** 锁闭器锁点数量。

（3）**标记示例：** 3个锁点的门用齿轮驱动组合式带锁传动锁闭器标记为MCQ·ZH-3。

2. 适用范围

传动锁闭器仅适用于铝合金平开门窗、上悬窗、下悬窗等。

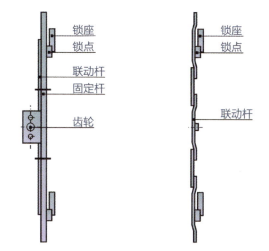

（a）齿轮驱动式传动锁闭器　（b）连杆驱动式传动锁闭器

↑ 传动锁闭器结构示意图

传动锁闭器一般由锁座、动杆（连杆）、静杆以及锁点等部件组成。

◉补充要点

传动锁闭器标准

1. **外观。** 耐腐蚀、膜厚度及附着力好。

2. **锁闭部件。** 锁点、锁座承受1800N的破坏。

3. **驱动部件。** 齿轮驱动式传动锁闭器承受26N·m力矩的破坏，连杆驱动式传动锁闭器承受1000N静拉力作用后，各零部件应不断裂、不脱落。

5.5 内平开下悬五金件系统

内平开下悬五金件系统,通过拉手使窗具有内平开、下悬锁闭的功能。既可以向室内平开,也可以下悬开启。

1. 内平开下悬五金件分类

按开启状态顺序不同可分为两种类型,一是内平开下悬锁闭、内平开、下悬;二是下悬内平开锁闭、下悬、内平开。内平开下悬五金系统由于锁点不少于3个,使用后增加了窗户的密封性能。

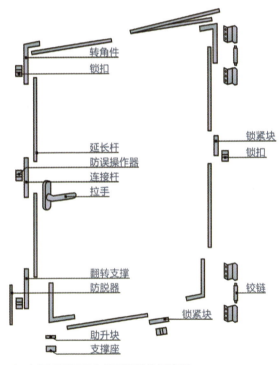

转角件
锁扣

锁紧块
锁扣

延长杆
防误操作器
连接杆
拉手

翻转支撑
防脱器

铰链

锁紧块

助升块
支撑座

↑ 内平开下悬五金件系统结构示意图

2. 标记、代号

(1) **名称代号:** 内平开下悬五金系统的名称代号,见表5-3。

表5-3　内平开下悬五金系统的名称代号

类型	内平开下悬 五金系统	下悬内平开 五金系统	内平开下悬 五金系统	下悬内平开 五金系统
名称代号	CPX	CXP	LPX	LXP

（2）**参数代号：** 内平开下悬五金系统以承载质量为分级标记，每10kg为一级，锁点不少于3个。

5.6　门窗五金配件选择方法

铝合金门窗中的五金配件质量直接影响门窗的使用寿命，应当选择优质产品。

5.6.1　从性能和使用上选择

优质五金配件应当选择锁闭良好的多点锁系统，多锁点五金件的锁点与锁座分布在整个窗扇的四周，当窗扇锁闭后，锁点、锁座紧密地扣在一起，与铰链或滑撑配合，共同产生强大的密封压力，使密封条弹性变形，为给铝合金门窗提供强大的密封性能。

↑ 门窗五金配件展示

五金配件供货单位会提供产品的有效产品检验报告及产品合格证书，且产品在进货时应进行质量抽样检查。

↑ 拉手、多点锁及其他安装配件

不同厂家制造的铝合金门窗型材会有所不同，因而不同宽度的各款门拉手及多点锁等五金配件应满足当前型材的要求。

5.6.2　从配合结构上选择

由于我国门窗系统大多是欧洲引进，因此欧标系统适用范围广，市场占有率高。

（1）检查门窗系统槽口，选择与槽口相应的五金件。

（2）根据门窗开启方式相对应的五金配件。

（3）注意铰链的最大承重力是否满足窗扇的使用条件。

（4）如果窗扇尺寸过高，铰链侧需加设锁紧机构，以保证窗户的各项性能指标。

↑ 铝合金下悬窗

根据开启扇的开启方式、规格尺寸、大小重量选择相应的门窗配件型号。

↑ 铝合金窗拉手

铝合金门窗拉手的形状、尺寸、比例、排列、色彩、造型等对建筑的整体造型有很大的影响，要求耐腐蚀性较好、使用寿命长，其装饰效果还应好。

□◉ 补充要点

选购五金配件的注意事项

1. **外观**。优质五金配件外观工艺平整光滑，用手折合时开关自如，且无噪声，考虑五金配件、室内风格的色泽、质地相协调的问题。

2. **重量**。同一类产品越重质量越好。

3. **品牌**。选择知名度较高的品牌产品。

第6章

铝合金门窗制造

学习难度	★★★★★
重点概念	材料采购、组织管理、下料与加工、设备
章节导读	铝合金门窗的配套性，决定了生产、安装进度必须度协调一致。产品质量与生产管理、原材料质量、生产工艺质量相关。

↑ 数控组角设备

数控技术在铝合金门窗加工行业中不断发展，高精度数控加工能大幅度提供产品质量。

6.1 考察原料厂与加工商

铝合金门窗型材品种繁多，每年都在推出新产品。确定门窗的型号、结构、开启形式、数量、铝合金型材品种、五金件等，就可以制定生产铝合金门窗。

↑ 铝合金门窗原料的加工生产

确定铝合金门窗项目时，需要明确铝合金型材品种、配件、玻璃种类，需要明确具体铝合金型材的生产厂家，并对厂家进行实地考察。

↑ 铝合金门窗销售安装

大多数厂商在不仅生产、销售，而且同时也提供了安装服务。

铝合金门窗的窗型、数量见表6-1。铝合金型材选用55系列隔热断桥氟碳喷涂型材，表面颜色为外绿内白，玻璃采5mm+9mm+5mm白色浮法中空玻璃，五金件选用品牌产品，密封胶条采用三元乙丙橡胶条。

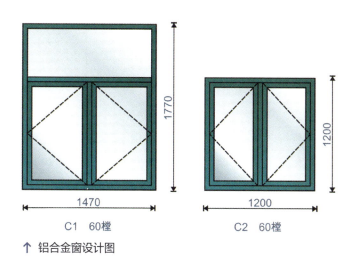

C1 60榙   C2 60榙

↑ 铝合金窗设计图

表6-1　铝合金窗汇总表

合同编号	×××	单位	×××××			门窗数量（樘）		120
门窗号	数量（樘）	单樘窗面积（m²）	总面积（m²）	开启形式	型材		玻璃	配件
C1	60	2.9	174	内平开	氟碳喷涂绿白		中空	知名品牌
C2	60	1.4	84	内平开	氟碳喷涂绿白		中空	知名品牌
合计	120	—	258	—			—	—

6.1.1　铝合金门窗材料采购

1. 铝合金型材采购计划

结合具体窗型和规格尺寸，设计下料单，计算铝合金型材的用量。不同规格的铝合金型材，包括框、扇、中挺、玻璃压条、扣板、角码等配件。铝型材的标准长度是6m，如数量较大，可以定制长度，减少浪费。

C1窗型与C2窗型的型材用量，分别见表6-2和表6-3。C1和C2窗型的主要型材优化下料，见表6-4。

表6-2　C1窗型型材用量表

序号	名称	型材代号	下料长度（mm）	数量（支）	备注
1	上下框	Gr6301	1470	120	—
2	左右框	Gr6301	1770	120	—
3	上下挺	Gr6302	705	240	—
4	左右挺	Gr6302	1155	240	—
5	中横框	Gr6303	1414	60	—
6	中竖框	Gr6303	1144	60	—
7	上亮横玻压条	Gr6305	1414	120	实测尺寸
8	上亮竖玻压条	Gr6305	496	120	实测尺寸
9	扇横玻压条	Gr6304	613	240	实测尺寸
10	扇竖玻压条	Gr6304	1017	240	实测尺寸

序号	名称	型材代号	下料长度（mm）	数量（支）	备注
11	框角码	18.5	—	240	—
12	扇角码	28.5	—	480	—
13	中梃连接杆	19	—	120	—

表6-3　C2窗型型材用量表

序号	名称	型材代号	下料长度（mm）	数量（支）	备注
1	上下框	Gr6301	1200	120	—
2	左右框	Gr6301	1200	120	—
3	上下梃	Gr6302	597	240	—
4	左右梃	Gr6302	1156	240	—
5	中竖框	Gr6303	1144	60	—
6	扇横玻压条	Gr6304	478	240	实测尺寸
7	扇竖玻压条	Gr6304	1050	240	实测尺寸
8	框角码	18.5	—	240	—
9	扇角码	28.5	—	480	—
10	中梃连接杆	19	—	120	—

表6-4　C1、C2窗型主要型材优化下料表

序号	名称	型材代号	支数	下料尺寸（mm）	用途	下料数量（支）
1	框料	Gr6301	120	1470×1	C1上下边框	120
				1770×1	C1左右边框	120
				1200×2	C2横竖边框	240
2	扇料	Gr6302	48	1155×5	C1左右边框	240
			24	570×10	C2上下边框	240
			40	705×6	C1上下边框	240
			48	1156×5	C2左右边框	240

序号	名称	型材代号	支数	下料尺寸（mm）	用途	下料数量（支）
3	中梃	Gr6303	12	1143 × 5	C1中竖框	60
			12	1144 × 5	C2中竖框	60
			15	1414 × 5	C1中横框	60
4	扇玻璃压条	Gr6304	27	613 × 9	C1扇横玻压条	240
			48	1017 × 5	C1扇竖玻压条	240
				478 × 1	C2扇横玻压条	48
			60	1050 × 4	C2扇竖玻压条	240
				478 × 3	C2扇横玻压条	180
			1	478 × 12	C2扇横玻压条	12
5	上亮横玻压条	Gr6305	30	1414 × 4	C1上亮横玻压条	120
			10	416 × 13	C1上亮横玻压条	120

注：以尺长度为6m的型材进行优化，优化排料时考虑锯片厚度2～3mm，锯切时余量2mm，型材两端无法利用的部分长约120mm。表中6m长型材的熟练是最低采购量，实际采购应增加3%作为损耗。

根据上述优化的铝合金型材数量，制定铝合金型材采购计划，见表6-5。

表6-5　铝合金型材采购计划表

序号	名称	型材代号	重量（kg/m）	数量（支）	长度（m）	重量（kg）
1	框料	Gr6301	1.2	120	720	859.8
2	扇料	Gr6302	1.3	160	960	1242.3
3	中梃	Gr6303	1.3	39	234	305.6
4	扇玻璃压条	Gr6304	0.4	136	816	318.3
5	上亮横玻压条	Gr6305	0.3	40	240	81.6

2. 玻璃采购计划（表6-6）

表6-6　C1、C2窗型玻璃采购计划表

窗号	尺寸（mm）	类别（mm）	数量（块）	面积（m²）
C1	1400×531	中空（5+9+5）	60	44.6
	599×1049		120	75.4
C2	424×1010		120	51.3

3. 五金件及辅助件采购计划（表6-7）

表6-7　五金件及辅助件采购计划表

序号	材料名称	采购数量	备注
1	O型胶条（m）	912	平开框
2	O型胶条（m）	912	平开扇
3	K型胶条（m）	2928	安装玻璃
4	铰链（副）	480	—
5	滑撑（副）	240	—
6	拉手转动器（套）	240	—
7	螺钉	—	—
8	连接地脚（个）	2640	固定窗框
9	发泡胶（桶）	25	安装密封框
10	密封胶（桶）	210	安装密封框
11	玻璃垫块（块）	2760	

6.1.2　生产现场组织管理

生产车间要求人、物、信息沟通高效，生产现场各要素合理配置。生产加工产品或部件时，锯切下料工序由熟练工人操作切割锯，分别对框料或槽料进行下料。锯切下料时应保证有足够空间放置材料，有照明设施，能看清工作台和尺寸标尺。生产计划和实际完成的质量、数量能及时反馈到管理者，保证整个生产环节的正常运行。

1. 生产现场的位置管理

位置管理是指对生产现场的设备、物料、工作台、半成品、成品及通道等，根据方便、高效的原则，规定确定的位置，实现原材辅料、半成品，在各工序间以最高效的形式流转。

生产车间的位置管理由生产车间布局、生产设备配置、生产状况确定，按生产流程布置生产设备、原材料、半成品、成品。

2. 物料管理

对采购进厂的铝合金型材、五金件、辅助材料、玻璃制品进行质量验证，经检验合格后再开单，并确认购买数量，办理入库手续。

仓库存储的物资要设置材料记录本与二维码，材料记录本要记录存储物资的名称、规格、数量、价格、收发日期，记录后材料本挂贴在存储物资上。收发各种物资后须及扫二维码登记。

3. 试制样品生产验证

根据铝合金型材厂商提供的产品图集和型材实物，设计出该系列型材的门窗图样，计算出各种型材的下料尺寸，确定连接件的位置、尺寸、槽孔。试做样品，对样品尺寸、配件进行检验并预组装，及时发现问题并尽快解决问题。

↑ 铝合金生产加工车间

生产车间汇集了各生产要素综合的场所，是计划、组织、控制、指挥、反馈信息的来源。

↑ 生产物料管理

对于铝合金型材、五金件、辅助材料、玻璃制品应分别分类管理，各类物资分别存放于不同的货架上。

6.2　成本核算与报价

根据设计要求，核对并计算出门窗材料计算表、型材表、五金表、面板表、五金表。

表6-8 ~ 表6-11中的材料价为单价，表面该门窗核算的过程。

表6-8　建筑施工门窗表

门窗编号	门窗类型	洞口宽（mm）	洞口高（mm）	数量（樘）	1层（樘）	2 ~ 15层（樘）	16层	面积（m²）
C2418	55系列铝合金	2400	1800	45	3	3	0	194.4
Sc0618	55系列铝合金	600	1800	16	1	1	1	17.3
Tc1218	60系列铝合金	1200	1800	15	1	1	0	32.4
Mo821	55系列铝合金	800	2100	31	2	2	1	52.1
Dm1823	46系列铝合金	1800	2300	2	2	0	0	8.3
小计	—	—	—	109	9	7	2	304.5

表6-9　平开窗C2418门窗型材计算表

洞口宽（mm）	洞口高（mm）	面积（m²）	周长（m）	边框重量（kg/m）	边框重量（kg/樘）	框角码长度（mm）
2.4	1.8	4.3	8.4	1.1	9.4	40
框角码重量（kg/m）	框角码重量（kg/樘）	横中框长度（m）	横中框重量（kg/m）	横中框重量（kg/樘）	竖中框长度（m）	竖中框重量（kg/m）
2.9	0.5	1.2	1.3	1.6	3.6	2.2
竖中框重量（kg/樘）	中框角码长度（mm）	中框角码重量（kg/m）	中框角码重量（kg/樘）	压线长度（m）	压线重量（kg/m）	压线重量（kg/樘）
7.8	40	1.8	0.6	18	0.3	4.6
扇宽（mm）	扇高（mm）	扇周长（m）	扇梃重量（kg/m）	扇梃重量（kg/樘）	扇角码长度（mm）	扇角码重量（kg/m）
600	1200	3.6	1.6	11.2	40	4.5
扇角码重量（kg/樘）						
1.4						

表6-10　平开窗C2418门窗五金件计算表

五金编号	五金数量（套）	五金含量（m²）
WJI	2	0.5

面板编号	面板数量（m²）	面板含量（m²/套）
C1	0.6	0.1
C2	0.9	0.2
C3	2	0.5

密封件编号	密封件数量（m²）	密封件含量（m²/套）
WFJ1	14.4	3.3
WFJ2	18	4.2
WFJ3	18	4.2
WFJ4	24	5.6

表6-11　型材表

序号	型材代号名称	重量（kg/m）	材质	序号	型材代号名称	重量（kg/m）	材质
1	55C1窗边框	1.2	6063-T5	9	55M1门边框	1.2	6063-T6
2	55C2窗中框	1.4		10	55M2门扇框	1.4	
3	55C3加强中框	2.1		11	55M3门中梃	2.1	6063-T5
4	55C4压线	0.3		12	55M4假中梃	0.3	
5	55C5扇梃	1.5		13	55M5密封槽	1.5	
6	55C6框角码	2.8		14	55M6框角码	2.8	6063-T6
7	55C7中框角码	1.9	6063-T6	15	55M7扇角码	1.9	
8	55C8扇角码	4.1		16	60C1边框	1.8	6063-T5

注：铝合金型材与配件的单价为30～32（元/kg），参考2021年全国市场行情。

6.3　下单订购与生产管理

　　铝合金门窗的生产制造是指利用切割锯、端面铣床、仿型铣床、冲床、钻床等加工设备，将铝合金型材进行切割、钻冲孔、铣削等加工，并安装玻璃和相应辅助材料，将铝合金型材和各类辅助材料组装成型。

1. 铝合金门窗客户订货单模板（表6-12）

単位: mm

表6-12 铝合金门窗订货单

订货单号：××××××

客户名称			电话			订货日期	

产品系列	包框尺寸 宽	高	墙厚	留脚	颜色	玻璃工艺	底玻	是否钢化	锁向	百叶	亮窗高度	亮窗格数	亮窗玻璃工艺	锁具	拉手 个	边线 米	套数 元	面积 m²	单价 元	折扣 %	金额 元	备注
1																						
2																						
3																						
4																						
5																						
6																						

收到订金：

总金额（大写）：　　　　总金额（小写）：

客户签名：
回传日期：

平开门锁向示意图：

A: 右锁左铰内开　　B: 左锁右铰内开

C: 右锁左铰外开　　D: 左锁右铰外开

备注：
1. 颜色以实物为准。
2. 默认开开为内开，玻璃默认钢化。
3. 锁具默认为标准锁具。
4. 尺寸规格默认为产品成品尺寸，如果是其他尺寸，应特别注明，尺寸误差±2mm。
5. 收到确认单后签名确认，开始生产。
6. 咨询电话：
　　邮箱：
　　微信：
　　传真：

制单：　　　　审核：　　　　交货日期：

2. 铝合金门窗生产质量基本要求

强化质量管理，提高生产人员与管理人员的质量意识，调动工作积极性。

（1）**材料进、出库**。核对型号与数量，下车轻放，注意表面维护，堆放整齐及归类。

↑ 铝合金门窗订购、生产全程示意图

（2）**车间领料**。不可混乱取用，如发现型材不匹配，应当及时沟通反映。

（3）**下料**。核对数量、型号，型材两端应光滑无毛刺，作业结束时要对设备进行维护与保养。

（4）**铝合金门窗产品标记**。根据房间大小选择恰当的规格尺寸，根据门窗使用部位来确定门窗的性能值，根据设计要求选择合适的门窗框颜色。

（5）**型材保护**。半成品堆放整齐并轻放，贴上标签，防止尺寸错乱或材料混放，严禁任何型材的半成品、成品堆放在地上。

↑ 下料

锯切角度应对角度是否准确，先试切组合，检查有无缝隙，并有效调整。

↑ 组装铝合金门窗框

拼装前四周应均匀涂上组角胶，再包装出厂。

（6）**冲料**。熟悉图纸与冲压设备性能，防止型材变形，尺寸允许≤1mm。

（7）**划线**。熟悉配合面的尺寸及配合方向，确保半成品表面不出现划痕与影响美观的标记。

（8）**组角**。核对组角后的实际尺寸与角度。

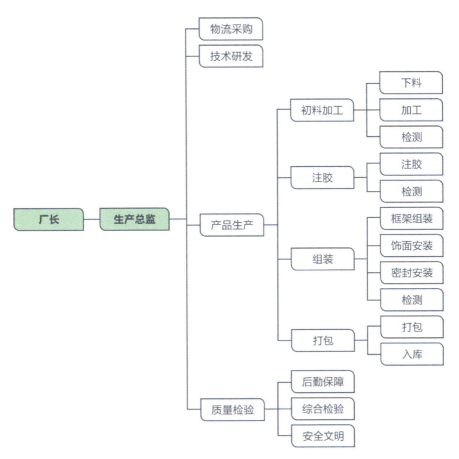

↑ 生产管理机构分级示意图

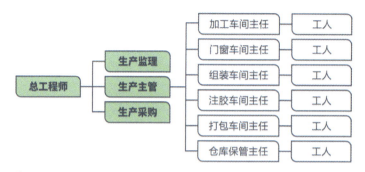

↑ 质检组织机构分级示意图

6.4 运输与储存

铝合金门窗的保养、安装、维护会影响铝合金型材产品的外形美观与表面色泽。

6.4.1 物料存放

1. 铝合金型材的存放

铝合金型材要有专门储存场所，不应存放在室外露天场所。为了防止铝合金型材变形，6m长的型材堆放底部应当采用3~4个型材架垫底，型材架摆放的间距不应超过1.5m。当型材批量较大，需要在室外临时存放时，型材底部应垫高200mm，形成3~4个支撑点，型材上面覆盖防雨篷布。

2. 五金件及其他辅助材料的存放

仓库存储的物资要设置材料本和材料卡。材料本要记录存储物资的名称、规格、数量、价格、收发日期。材料卡记录存储物资的名称、规格、数量和收发日期，挂贴在存储物资上。

3. 玻璃的存放

玻璃要分类存放在玻璃架上，按不同规格、种类分类详细记录，制作带二维码的识别不干胶标签，贴在玻璃实物上，扫描二维码可以显示合同号、规格、品种、数量等信息，保证二维码、标签、物一致。此外，要放置在合理的位置，方便存取，注意防雨、防高温、防尘、防撞。

↑ 存放至生产车间内的铝合金型材

铝合金型材可存放在车间中，存放场所要求远离高温、高湿及酸碱腐蚀源，且不能直接接触地面存放，应放在型材架上，按规格、批次分别存放，节约空间，方便存取。

↑ 存放至仓库内的五金配件

五金件及胶条、毛条等辅料应有专门的库房存放，且库房必须防火、防潮、防蚀、防高温。各类物资要分类存放，分别存放于不同的货架上。

↑ 门窗玻璃的有效保护措施

在保存及运输过程中应对玻璃产品进行有效保护。

6.4.2 运输与保管

1. 包装

铝合金门窗框、扇包装箱应有足够的承载能力，确保正常运输和保管条件下不受损坏。包装箱内的各类部件，避免发生相互碰撞、窜动。

铝合金门窗框、扇采用塑料袋或薄膜包裹，并用胶带捆扎牢固、严实，附件分类包装。包装箱上应有明显的"怕湿""怕晒""易碎物品""小心轻放""向上"等标识，箱内应有相应的装箱单和产品检验合格证。

2. 运输

（1）在运输过程中避免包装箱发生相互碰撞。

（2）搬运过程中应轻拿轻放，严禁摔、扔、碰击。

（3）运输工具应有防雨措施，并保持清洁无污染。

如果路途遥远，各类部件应分类包装，且材料之间用纸或软物隔开，外面用聚乙烯泡沫包裹，并用胶带捆扎牢固。门窗型材应保证运输过程中不受机械损伤、磕碰，避免雨淋受潮。

3. 贮存

（1）产品应放置通风、干燥的地方，严禁与酸、碱、盐类物质接触并防止雨水侵入。

（2）产品严禁与地面直接接触，底部垫高大于200mm。

（3）产品放置应用非金属垫块垫平，产品宜立放且立放角度不小于75°。

门窗型材不开包装，贮存于通风良好的仓库内。场地应保持卫生清洁，材料按规格型号分类，整齐地码放在垫有胶皮垫的料架上。码放时不能过高，以防倒塌伤人。型材吊装时，应防止绳索弯曲、变形。注意搬运过程中应轻拿轻放，不能在码放时听到碰击声。

↑ 铝合金窗立放

门窗立放角度不应小于75°，应采取防倾倒措施，且严禁存放在腐蚀性较大或潮湿的地方。

6.5　加工生产工艺流程

　　根据设计图纸切割下料，利用机械加工设备对型材进行铣、冲、砖等加工，主要包括工序如下：

　　1. 下料工序。采用切割机将型材按尺寸和角度要求切割成需要的长度和组装角度。

　　2. 机加工工序。采用机械加工设备或专用设备，对型材杆件进行铣、冲、钻加工。

3. 组装工序。 将经加工完成的各种零部件、配件、附件等组装为成品门窗。

按制作工艺流程，铝合金窗的开启形式分为推拉和平开两种，其生产制作工艺流程分别如下。

↑ 铝合金推拉窗加工工艺流程图

↑ 铝合金平开窗加工工艺流程图

6.6 下料

采用切割锯、端面铣床、仿型铣床、冲床、钻床等加工设备，将铝合金型材进行切割、钻冲孔、铣削等加工，使铝合金型材构件符合组装加工需求。

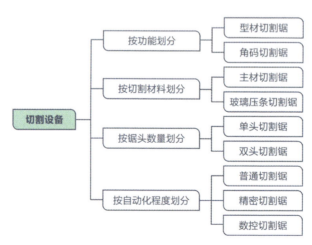

↑ 下料切割锯设备分类

铝合金型材下料包括型材下料与角码下料。窗扇与窗框型材下料必须要分开进行，避免两种相似型材混料。下料前应测量放线，用切割设备切断铝合金型材。

6.6.1　角码下料

隔热断桥铝合金门窗需要进行高精度组角，铝合金门窗标准中仅对门窗框、扇杆件装配间隙应当小于0.5mm，高档铝合金门窗的角部间隙要求小于0.2mm，要求型材断面的综合锯切精度不能超过0.08mm/100mm。高档铝合金门窗锯切加工时要选用专业切割锯，在锯切加工时使用模板，使型材定位稳定、夹紧可靠。

↑ 全自动铝门窗角码切割锯

角码下料要使用角码切割锯，精度比铝合金型材切割锯高，能保证精度质量。

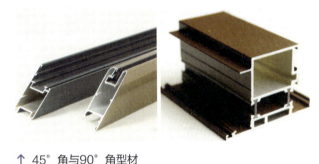

↑ 45°角与90°角型材

常规的铝合金门窗的框、扇下料角度主要为45°与90°，异型窗型材下料根据窗型不同会有其他角度，角码下料均为90°。

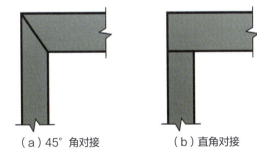
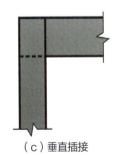

（a）45°角对接　　　（b）直角对接　　　（c）垂直插接

↑ 铝合金门窗的组装方式示意图

6.6.2 玻璃压条下料

玻璃压条下料应使用玻璃压条切割锯，并进行微调松紧度。下料尺寸应当比实际长度长10mm，以使压条收缩后与窗框扇配合完美。

↑ **玻璃压条切割锯**

切割锯装配有定位尺，可直接量取成品窗框或扇的内侧尺寸，按实际所需长度加工玻璃压条，从而保证玻璃压条切割时的尺寸精度。

↑ **90°切割玻璃压条**

玻璃压条、窗台板等型材的切割角度为90°。

6.6.3 单头切割锯下料

使用单头切割锯可对型材进行切割和再加工，切割时要将型材固定。切割长度超过2m的型材时，需要增加支撑架或支撑座，切割另一端时要使用长度定位夹固定。

6.6.4 双头切割锯下料

双头切割锯主要用于切割主型材，装有硬质合金圆锯片。具体操作程序如下：

↑ **单头切割锯**

单头切割锯可手动操作，或用气动控制进刀、退刀、夹紧或冷却液喷淋，主要依靠操作者的经验来控制品质。

（1）根据切割角度调整锯头角度。

（2）按下料尺寸移动锯头到准确位置。

（3）试切并调整锯片的进刀位置，以达到最佳切割效果。

（4）使冷却液喷淋和气动排屑装置处于工作状态，能随时对工作台面清扫。

（5）装上型材，用定位夹紧装置将型材定位并夹紧，防止型材倾斜或翻转。

（6）启动机床，按夹紧按钮，将型材夹紧。

（7）按启动按钮，两片锯片同时启动，进刀位于空转位置，冷却液喷淋装置与气动排屑装置处于工作状态。

（8）按动工作按钮进行切割。

（9）切割完毕后按退回按钮，两个锯头迅速退回空转位置后停止。

（10）按松夹按钮，取出切割完毕的型材。

↑ **双头切割锯**

机床切割在一定角度之间可实现角度旋转，根据下料长度对锯头进行微调，数控双头切割锯可一次输入切割下料的多根型材，实现不同长度连续切割。

┌─◉ **补充要点**

铝合金门窗加工设备

劣质铝合金门窗设备，加工出来的产品粗劣，密封性能差，不能开关自如，不仅可能会出现漏风漏雨的现象，且遇到强风和外力，非常容易碰落。优质铝合金门窗设备加工的产品精细，密封性能好，开关自如，但是设备昂贵。

6.7 孔、槽深加工

为了满足铝合金门窗产品的开启、关闭，还需对窗框与扇构件进行孔、槽的深加工，主要包括锁孔、排水槽、装配槽等部位。

6.7.1 窗框构件孔、槽加工

（1）加工转角处的螺孔和销孔，如果无组角机，可用钻床或冲压机加工。

（2）窗下框构件的排水槽，采用冲压机或铣床加工。

（3）配件固定孔，用钻床或冲压机加工。

↑ 推拉窗排水槽与排水孔

推拉窗外框的排水槽中钻有排水孔，长25~30mm，宽4~6mm，排水槽距离窗框边缘50~150mm，内外方向尽量错开，水平方向间隔600mm。

↑ 平开窗排水槽与排水孔

平开窗排水槽的高度从内向外应当逐层降低，宽度低于600mm的平开窗可设置一个排水孔。

← 平开窗排水孔局部

平开窗排水孔在最外层排水槽上，底部应当与边框平面平齐，不能内凹至边框平面以下，以免钻穿边框型材，导致水流入下部构造中。

6.7.2 窗扇构件孔、槽加工

（1）加工转角处的螺孔与销孔，如果无组角机，可以用钻床或冲压机加工。

（2）用于安装五金件的槽、孔，用冲压机或仿形铣床加工。

（3）窗扇下框构件的排水槽、用冲压机或仿形铣加工，拉手一般安装在窗扇高度的中央处，距离地面较高窗的拉手，安装在距离地面高度1300mm左右的窗扇上。

（4）通风孔采用用钻床、冲压机或仿形铣加工。加工通风孔时应同时局部切除玻璃槽底部阻碍排水的型材。窗扇上部型材转角附近和两侧型材的上部，均应加工一个$\phi8$的通风孔。当门窗较宽时，通风孔的间距为600mm。

↑ 推拉窗组装螺孔
在窗扇边框转角处，应当从中央到边框依次加工螺孔、销孔、滑轮槽孔。

6.7.3 冲压机加工

冲压机包括冲压装置和冲压模具两部分。冲压装置包括床身、工作台、冲模夹持装置与传动装置。冲压模具主要包括冲头和冲模，有单冲头、多冲头与相应的支撑板。槽和孔可用多冲头一次完成，也可以分多次分别冲出槽和孔。

↑ 冲压模具

冲压模具是冲压机的组成部分，使用冲压模具可直接对型材进行冲压加工。

↑ 全自动冲压机

全自动冲压机采用液压或气动夹紧工件，自动进料后按孔距自动冲孔，并向外送料，高效安全。

6.7.4 仿形铣床加工

仿形铣是对铝合金型材进行仿形加工的铣床，且有两种基本型式：一种为平面铣，在上方安装有一把垂直支刀；另一种为多面铣，在上方和侧面装有多支铣刀。多面铣的优点是工件只需装夹一次，可对直角两面同时进行加工，能提高加工效率。

（a）　　　　　　　（b）　　　　　　　（c）

↑ 高速仿形铣床

仿形铣床采用气压传动，效率高，可以实现连续加工，操作简单安全，主要用于断桥铝门窗的各类型孔、榫槽、流水口等加工。

6.7.5 端面铣床、钻床加工

端面铣床可铣削工件平面，倒角加工梯形面、T型槽，钻孔可达到 $\phi50$，镗孔可达到 $\phi400$，圆盘铣刀由多支刀具组成，可以通过更换刀片，铣削出不同断面造型的型材。

钻床上加工钻孔时转速很高，对只有几毫米壁厚的铝合金型材，可以使用普通麻花钻头。如果钻孔位置精密要求高，如窗角或厚角码，可以使用与产品相配套的钻模。此外，要提高钻孔质量，还需要对刀片、钻头进行冷却，以延长设备的使用寿命。

↑ 端面铣床

端面铣床的铣头水平布置，可沿横床身导轨移动，可对超长工件两端面进行铣削、钻孔、镗孔等加工。

↑ 摇臂钻床

钻床结构简单，加工精度相对较低，更换特殊刀具，加工过程中设备固定不动，刀具旋转工作。

6.7.6 加工要求与规范

1. 构件的铣槽、铣豁及铣榫加工要求

铝合金门窗构件的铣槽、铣豁及铣榫加工应符合下列要求（表6-13）：

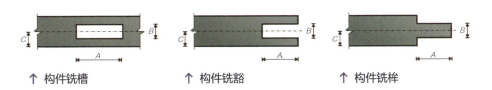

↑ 构件铣槽　　　　　↑ 构件铣豁　　　　　↑ 构件铣榫

表6-13　构件铣槽、铣豁及铣榫的尺寸允许偏差　　　mm

项目	A	B	C
允许偏差值	+0.5；0.0	+0.5；0.0	±0.5

2. 下料操作规范及构件加工精度要求（表6-14、表6-15）

表6-14　下料操作规范

序号	下料操作规范
1	检查机器运转情况，铝型材的规格、品种及表面处理方式、外观质量，应与设计要求一致
2	切割角度应与图纸要求一致，且夹紧力适度，避免型材变形
3	加工和搬运过程中应轻拿轻放，防止磕碰、划伤及变形
4	严禁身体任何部位进入危险区域，加工后的型材，严禁与地面直接接触，应分类码放，整齐有序

表6-15　构件加工精度要求

序号	构件加工精度要求
1	构件加工精度除符合图纸设计要求
2	杆件直角截料时，长度尺寸允许偏差为±0.5mm；杆件斜角截料时，端头斜度允许偏差为-15′
3	截料端头不应有加工变形，毛刺不应大于0.2mm
4	构件上的孔位加工应采用划线样杆、钻模、多轴钻床等进行，孔中心允许偏差为±0.5mm，孔距允许偏差为±0.5mm，累积偏差为±1.0mm

6.8　成本核算与控制

　　铝合金门窗产品成本高低直接关系到企业的经济效益，要保证合理利润，就必须对成本项目进行控制。

6.8.1　产品成本构成

产品成本是企业为了生产产品而发生的各种耗费，是企业为生产一定种类、数量产品所支出的生产费用总和。铝合金门窗产品成本项目包括以下几方面。

1.　直接材料

铝合金型材、五金件、密封材料、其他辅助材料等。

2.　直接工资

生产工人工资、安装工人工资。

3.　其他直接支出

推广宣传费、招待费、利息、税金等。

4.　制造费用

水电费、工具费、办公费、维修费、运输费、保险费、检验费、折旧费等。

6.8.2　产品成本控制

1.　生产过程成本控制

在铝合金门窗生产过程中，材料成本占销售价格的60%左右，铝合金型材占所有材料的70%左右。成本控制具体方法如下：

（1）杜绝将不合格的原材料用到生产中，防止因返工造成材料与人工浪费。

（2）根据材料单明确限额领料，控制铝型材、五金件、胶条、毛条、螺钉、插接件等生产材料的消耗。

（3）严格控制下料、组装等关键工序的质量，严格执行规程与检查。

（4）合理利用人力资源，使用运输工具，降低劳动强度，减少搬运时间，提高工作效率，降低人工成本。采取基本工资与计件工资相结合的工资管理模式，根据工作内容进行考核。

↑ 严格把控原材料质量

从源头开始把控，对采购原材料严格检验，不合格材料不入库。

↑ 集中生产降低成本

在生产环节与安装环节控制铝合金门窗产品成本。

2. 安装环节成本控制

安装环节成本控制方法如下：

（1）原材料存放整齐有序，减少损坏，根据现场条件与施工进度将材料分批进场，做好材料进场检验与记录。

（2）前期制作样板，避免大面积返工，造成浪费。

（3）制定安装质量检验制度并严格实施。实行自检、互检，逐樘检查，避免侥幸心理。

（4）合理安排物料运输。高层玻璃运输须在施工洞封闭前，将玻璃运到每层楼。

（5）合理安排施工顺序，避免重复工作和材料损坏，如装饰装修施工中，在内外墙砖镶贴前或抹灰完成前，不能安装玻璃。

6.9 门窗产品质检标准

6.9.1 检验规则

1. 试验次序

进行项目试验时，应确定试验先后次序。当检验带有破坏性或损伤性时，应先进行无损试验的一项，后进行破坏性试验。

2. 检验类别与项目

产品检验分为出厂检验和型式检验，检验项目见表6-16。

表6-16　产品检验项目

序号	检验项目	试件数量	出厂检验	型式检验	适用产品
1	外观及表面质量	全数（出厂检验） 3樘（型式检验）	◎	◎	门、窗
2	尺寸	10%不少于3樘	◎	◎	
3	装配质量	全数（出厂检验） 3樘（型式检验）	◎	◎	
4	构造	3樘	—	◎	
5	抗风压性能	3樘	—	◎	外门、外窗
6	水密性能		—	◎	
7	气密性能		—	◎	外门、外窗，有气密性要求的内门、内窗
8	空气隔声性能	3樘	—	◎	隔声型门窗
9	保温性能	1樘	—	◎	保温型、保温隔热型门窗
10	隔热性能	1樘	—	◎	隔热型、保温隔热型门窗
11	耐火完整性	1樘	—	◎	耐火型外门窗
12	采光性能	1樘	—	○	有此项性能要求的外窗
13	防沙尘性能	1樘	—	○	有此项性能要求的外门窗

序号	检验项目		试件数量	出厂检验	型式检验	适用产品
14	抗风携碎物冲击性能		1樘	—	○	有此项性能要求的外门窗
15	力学性能	启闭力	3樘	—	◎	门、窗
16		耐软重物撞击性能	3樘	—	◎	门
17		耐垂直荷载性能	3樘	—	◎	竖轴平开旋转类门、窗和折叠平开门
18		抗静扭曲性能	3樘	—	◎	竖轴平开旋转类门、折叠平开门
19		抗扭曲变形性能	3樘	—	◎	推拉平移类门窗
20		抗对角线变形性能	3樘	—	◎	
21		抗大力关闭性能	3樘	—	◎	平开门、平开旋转类外窗（滑轴类除外）
22		开启限位抗冲击性能	3樘	—	◎	平开旋转类外窗
23		撑挡定位耐静荷载性能	3樘	—	◎	内平开窗、外开上悬窗
24	反复启闭耐久性		1樘	—	◎	门、窗

注："◎"为必选性能；"○"为可选性能；"—"为不要求。

　　抗风压、水密、气密、隔声、保温、隔热、耐火这几项在门窗产品型式检验中为必检项目，根据门窗不同类型进行检验。采光、防沙尘、抗风携碎物冲击等为选择性能项目，大多只有特殊要求门窗才需要检测。

　　（1）出厂检验。

　　1）组批与抽样规则。分成全数检验与抽样检验两种方法，全数检验是对一批产品中的每一件产品逐一进行检验，挑出不合格品后，认为其余全都是合格品。抽样检验是从每100樘中按不同类型、品种、系列、规格分别随机抽取5%，且不少于3樘进行检验。

2）判定与复验规则。抽检产品检验结果全部符合要求，判该批产品合格。抽检产品检验结果如有多于1樘不符合本标准要求时，判该批产品不合格。抽检项目中如有1樘（不多于1樘）不合格，可再从该批产品中抽取双倍数量产品进行重复检验。重复检验的结果全部达到本标准要求时判定该项目合格，复检项目全部合格，判定该批产品合格，否则判定该批产品出厂检验不合格。

（2）型式检验。

1）检验时机。正式生产后，产品的原材料、构造或生产工艺有较大改变；或停产半年以上重新恢复生产；或出厂检验结果与上次型式检验结果有较大差异，需要进行一次型式检验。

2）组批与抽样规则。从不少于100樘的出厂检验合格批中任选一批作为型式检验，取样地点从制造厂的最终产品中随机抽取。

3）取样方法。选取常用的门窗立面形式和尺寸规格的单樘基本门、窗，作为代表该产品性能的典型试件。

4）判定与复验规则。抽检产品的外观、表面质量、尺寸、装配质量、构造、性能应符合设计要求，检验才为合格。

上述两种检验项目中若有不合格项，可再从该批产品中抽取双倍试件对该不合格项进行重复检验，重复检验结果全部达到本标准要求时判定该项目合格，否则判定该产品型式检验不合格。最终检验不合格产品有多种处置方式，如报废、返工、返修等。

◉ **补充要点**

全数检验与抽样检验

全数检验适用于不能保证产品达到预定的质量，或当批产品不合格率太高，采用全检可以提高检验后的批质量。抽样检验适用于产品批量较大，或检验项目较复杂，或检验带有破坏性或损伤性，或单位产品检验费用高或花费工时多时。

6.9.2 产品标志与随行文件

1. 产品标志

（1）**基本标志内容**。包括产品标记、产品商标、制造商名称、生产日期，标志应在产品明显部位标明，能够有效了解产品的基本生产信息，保证产品质量。

（2）**警示标志说明**。对于结构复杂、开启方法比较特殊，使用不当会造成产品本身损坏，或产生使用安全问题的门窗产品，应设置使用警示标志说明。

（3）**标志方法**。标牌应黏贴在门窗产品上框、中横框等明显部位。标牌应采用铝质、不锈钢或其他材料，并标示出产品标记、产品商标、制造商名称及生产日期等内容。

2. 产品随行文件

（1）**产品合格证**。包括执行产品标准号、出厂检验项目、检验结果、检验结论、产品检验日期、出厂日期、检验员签名或盖章。

（2）**产品质量保证书**。包括产品名称、商标、产品性能参数、检验报告号、尺寸规格型号、表面色彩与膜厚、玻璃与镀膜品种、色泽及玻璃厚度、门窗生产日期、检验日期、出厂日期，质检人员签名、制造商质量检验印章、制造商名称、地址、联系电话等。

（3）**产品安装使用说明书**。包括产品说明、安装说明、使用说明、维护保养说明等。

3. 产品二维码标记

采用二维码对每樘门窗产品进行标识，用户可以通过扫描二维码获取产品标志、产品随行文件等信息。产品二维码标记应具有永久性，满足门窗产品的质量、安全问题等追溯性要求。

二维码是在二维平面中表示信息的条码符号，用于标识门窗产品特征、属性、相关网址等信息。

6.10　JT81系列节能推拉窗案例

6.10.1　JT81系列节能推拉窗结构

铝合金门窗的名称中通常以"××系列"表示（如40系列平开窗、90系列推拉窗等），该系列是指门窗框的厚度构造尺寸（即门窗框断面的宽度）。本节中JT81系列节能推拉窗，即窗框的厚度构造尺寸为81mm的节能推拉窗。

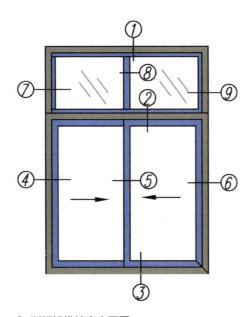

↑ **断桥铝推拉窗立面图**

这款推拉窗的上部设有两扇固定窗，将玻璃嵌固在窗框上，不能开启，下部设有可左右移动的推拉窗扇。推拉窗扇的启闭不占室内空间，且使用灵活，安全可靠，采光率高，密封性也好，但其两扇窗不能同时打开，通气面积受限，通风性稍差。

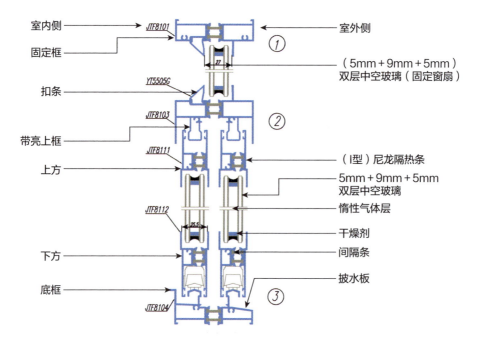

室内侧 → JTF8101　　　　　　　室外侧
固定框
①
（5mm＋9mm＋5mm）
双层中空玻璃（固定窗扇）

扣条　　　　YT5505G
②

带亮上框　　JTF8103
（I型）尼龙隔热条

上方　　　　JTF8111
5mm＋9mm＋5mm
双层中空玻璃
惰性气体层

干燥剂
JTF8112
间隔条

下方　　　　　　　　　　　披水板

底框
JTF8104
③

↑ 整窗（竖向）剖面构造示意图

断桥铝推拉窗采用隔热断桥铝型材、中空玻璃及五金配件等组成，断桥材料是采用隔热条材料与铝型材通过穿条式工艺生产制作的，型材连接强度更强，冬季室内取暖与夏季空调制冷节能40%以上。

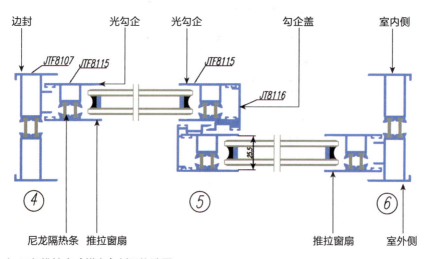

边封　　　光勾企　　　光勾企　　　勾企盖　　　室内侧

JTF8107　JTF8115　　JTF8115
JT8116

④ 　　　　　⑤ 　　　　　⑥

尼龙隔热条　推拉窗扇　　　　　推拉窗扇　　室外侧

↑ 下部推拉窗（横向）剖面构造图

断桥铝推拉窗的铝合金型材采用空心设计，表面处理采用氟碳喷涂或粉末喷涂，且型材断面壁厚按要求在1.4mm以上，确保组成门窗的牢固安全；玻璃采用5mm＋9mm＋5mm双层中空玻璃，抗风压性能不应低于5级，窗玻璃边缘不得与框、扇及其连接件相接触，所留缝隙应为2～3mm。

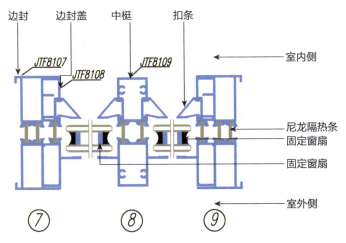

边封　边封盖　中框　扣条

JTF8107　JTF8108　JTF8109

室内侧

尼龙隔热条
固定窗扇
固定窗扇

室外侧

⑦　⑧　⑨

↑ 上部固定窗（横向）剖面构造图

禁止将玻璃扣条设置在窗外侧。固定窗应在窗内侧安装扣条，保证安全性、水密性要求。还应根据玻璃厚度选择合适的扣条系列，根据内视效果选择直角或圆弧扣条。

6.10.2　JT81系列节能推拉窗型材（见表6-17）

表6-17　JT81系列节能推拉窗型材图表

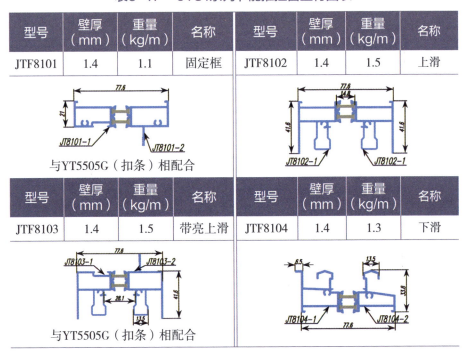

型号	壁厚（mm）	重量（kg/m）	名称	型号	壁厚（mm）	重量（kg/m）	名称
JTF8101	1.4	1.1	固定框	JTF8102	1.4	1.5	上滑

与YT5505G（扣条）相配合 ｜ JT8101-1 JT8101-2 ｜ 77.6 21

JT8102-1 JT8102-1 ｜ 77.6 14.8 41.6 41.6

型号	壁厚（mm）	重量（kg/m）	名称	型号	壁厚（mm）	重量（kg/m）	名称
JTF8103	1.4	1.5	带亮上滑	JTF8104	1.4	1.3	下滑

与YT5505G（扣条）相配合 ｜ JT8103-1 JT8103-2 77.6 28.1 41.6 13.5

JT8104-1 JT8104-2 6.5 13.5 33.8 77.6

型号	壁厚（mm）	重量（kg/m）	名称	型号	壁厚（mm）	重量（kg/m）	名称
JTF8105	1.4	1.4	下滑	JTF8106	1.4	1.5	下亮下滑

型号	壁厚（mm）	重量（kg/m）	名称	型号	壁厚（mm）	重量（kg/m）	名称
JTF8107	1.4	1.2	边封	JTF8108	1.4	0.7	边封盖

与YT5505G（扣条）JTF8107相配合

型号	壁厚（mm）	重量（kg/m）	名称	型号	壁厚（mm）	重量（kg/m）	名称
JTF8109	1.4	1.3	中挺	JTF8110	1.4	0.6	

与YT5505G（扣条）相配合

与YT5505G（扣条）JTF8101相配合

型号	壁厚（mm）	重量（kg/m）	名称	型号	壁厚（mm）	重量（kg/m）	名称
JTF8111	1.4	0.9	上方	JTF8112	1.4	0.9	下方

型号	壁厚（mm）	重量（kg/m）	名称	型号	壁厚（mm）	重量（kg/m）	名称
JTF8113	1.4	0.9	内下方	JTF8114	1.4	1.1	外下方

型号	壁厚（mm）	重量（kg/m）	名称	型号	壁厚（mm）	重量（kg/m）	名称
JTF8115	1.4	0.8	光勾企	JTF8116	1.4	0.3	勾企盖

与JTF8115（光勾企）相配合

型号	壁厚（mm）	重量（kg/m）	名称	型号	壁厚（mm）	重量（kg/m）	名称
JTF8117	1.4	0.8	拼料	JTF8118	1.4	1.7	转角

与JTF8107相配合

与JTF8107相配合

型号	壁厚（mm）	重量（kg/m）	名称	型号	壁厚（mm）	重量（kg/m）	名称
JTF8120	1.4	1.4	下亮下滑	JTF8121	1.6	1.2	下亮下滑

与YT5505G（扣条）相配合

与JT8122（勾企盖）相配合

型号	壁厚（mm）	重量（kg/m）	名称	型号	壁厚（mm）	重量（kg/m）	名称
JTF8122	1.4	0.4	勾企盖	JTF8124	1.4	1.3	边封

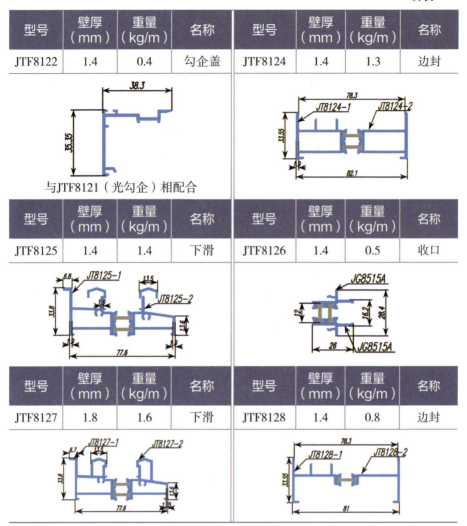

与JTF8121（光勾企）相配合

型号	壁厚（mm）	重量（kg/m）	名称	型号	壁厚（mm）	重量（kg/m）	名称
JTF8125	1.4	1.4	下滑	JTF8126	1.4	0.5	收口

型号	壁厚（mm）	重量（kg/m）	名称	型号	壁厚（mm）	重量（kg/m）	名称
JTF8127	1.8	1.6	下滑	JTF8128	1.4	0.8	边封

6.10.3　JT81系列节能推拉窗预算报价

以下列出一件铝合金推拉窗的规格尺寸，详细计算出实际价格，供参考（表6-18、表6-19）。

表6-18 铝合金门窗规格表

分析对象	C1	单价（元/m²）		428.6	示意图
设计洞口尺寸（mm）		制作分格尺寸（mm）			
宽	高	开启宽	开启高	上亮高	
2400	2200	2400	1400	800	
每樘面积	5.3m²	组数：		1	

表6-19 铝合金门窗预算报价表

编号	项目	材料名称	单位	数量	单价	金额	备注
1	主材	粉末喷涂穿条隔热型材	kg	6.4	22.0	140.8	
		粉末喷涂型材	kg	0.6	19.5	11.7	
		光条型材	kg	0.0	0.0	0.0	
		5M+9A+5MM钢化玻璃	m²	0.9	88.0	79.2	
2	五金辅材	窗滑轮	支	1.5	9.5	14.3	
		月牙锁、锁钩	把	0.4	9.0	3.6	
		封堵及塑料件	套	0.8	4.5	3.6	
		590ml耐候玻璃胶	支	0.8	18.0	14.4	
		590ml发泡剂	支	0.2	20.0	4.0	
		密封毛条	m	3.9	0.3	1.2	
		防脱器	套	0.0	0.0	0.0	
		ϕ4.2自攻钉	颗	9.1	0.3	2.8	
		固定片	片	6.2	0.4	2.5	
		瓦丝、射钉	颗	12.4	0.2	2.5	
		防水胶	支	0.2	20.0	4.0	
		运输、保护	m²	1.0	7.0	7.0	
3	其他	辅材、耗材	m²	1.0	10.0	10.0	
4	措施	脚手架、吊篮	m²	1.0	0.0	0.0	

编号	项目	材料名称	单位	数量	单价	金额	备注
5	人工	制作、安装	m²	1.0	65.0	65.0	
6	验收	检测	m²	1.0	5.0	5.0	
7	直接费	（1+2+3+4+5+6）				371.6	
8	设备折旧费	（7）×1.2%				4.5	
9	管理费	（7）×2.5%				9.3	
10	利润	（7）×8.0%				29.8	
11	税金	（7+8+9+10）×3.0%				12.5	
12	总计	（7+8+9+10+11）				427.7	元/m²

第7章

铝合金门窗组装

学习难度 ★★★★★

重点概念 组角、密封框扇、镶嵌玻璃、安装五金件

章节导读 组装是铝合金门窗的关键工序，铝合金门窗种类繁多，因而安装工序及组装方法各不相同，本章将逐一介绍各种门窗的安装方法，解决安装过程中出现的各种问题。

↑ 铝合金门窗扇构件

门窗扇构件是将表面处理过的铝合金型材，进行下料、打孔、铣槽、攻丝、制作等加工工艺制作而成，对型材进行组装后才能用于正式安装。

7.1 平开铝合金门窗组角

隔热断桥铝合金门窗采用机械组角工艺，指窗框扇构件的两个斜角使用角码连接。

7.1.1 角码

角码有固定角码和活动角码两种，见表7-1。

表7-1 铝合金门窗组角用角码的品种

名称	特征	图例
塑料固定角码	采用工程塑料铸造，多用于纱扇组角，不能用于尺寸较大的开窗扇上，容易发生变形脱落	
铝质活动角码	采用铝合金铸造，采用螺栓连接固定到型材上，要根据型材空腔尺寸定制，通用性较差	

7.1.2 组角

1. 机械组角

隔热断桥平开铝合金门窗的框、扇多采用45°组角组装，在铝合金型材空腔中插入两个组角插件，其中一个组角插件起承载功能，插入型材内侧空腔中，另一个组角插件起辅助作用，插入型材外侧空腔中。

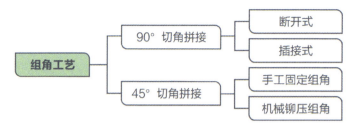

↑ 组角按制作工艺分类

铝合金门窗采用组角机挤角，因而只能组装45°角对接，对于
90°角为手工操作。

在组角之前，应当将插件和型材的空腔内的油污清洗干燥后涂上密封
胶，保证角部的密封作用。

组角插件有两种固定方式：

（1）**手工固定组角**。将两块对合的组角插件插入型材空腔内，使用锥
销、铆钉或螺钉固定。

（2）**机械铆压组角**。将带有沟槽的组角插件，插入构件空腔内，使用
铆压机将型材压入沟槽内固定。

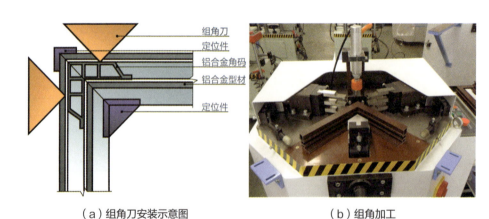

（a）组角刀安装示意图　　　　　　　　（b）组角加工

↑ 机械铆压法组角

机械组角机能适用各种系列型材组角，但是需要更换组角刀、组角刀支座、支撑座等配件。

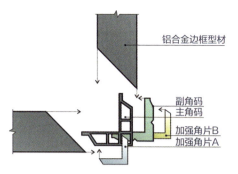

↑ 窗扇组角示意图

断桥窗扇组角部位的连接尺寸较宽，仅在型材内腔中插入角码，并不能保证紧密连接。因此需要使用两个角码和两个加强角片，并辅助胶黏剂，主角码置于型材内空腔，副角码置于型材外空腔，加强角片内外各一个，这样就能强化固定。

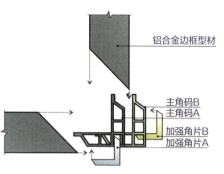

↑ 窗框组角示意图

断桥窗框尺寸会更大，因此要采用两个主角码和对应的加强角片。

2. 销钉与螺钉组角

首先，使用销钉或螺钉固定，涂胶黏剂，要与外框预先组合在一起。然后，将角码涂上胶黏剂后。接着，插入型材空腔内并黏贴牢固。最后，上紧销钉或螺钉，固定牢固。这种组角方式适用于小批量生产。如果采用活动角码组角，角码与铝合金型材之间应当采用螺栓固定。

3. 胶黏组角

由于挤压铝角码中的空间较小，不利于胶黏剂挤压流动，因此也可以增加导流板来增加胶黏剂的接触面，这样也能提高窗框、扇角部的强度与防水能力，但是整体成本较高。

→ 角码与导流板贴合示意图

将导流板贴合于角码两侧，能让胶黏剂更均衡，同时也能阻挡余胶渗透到角码空腔中。

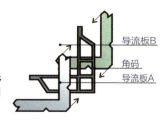

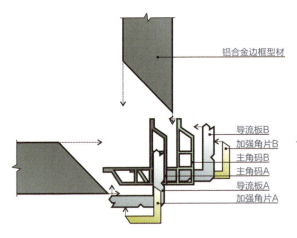

铝合金边框型材

导流板B
加强角片B
主角码B
主角码A
导流板A
加强角片A

← 带导流板的角码与型材胶接示意图

采用导流板时，最好采用双组分胶黏剂，由注胶孔注入，形成连续密封，最后在型材斜角面涂抹聚氨酯密封胶。

⊡ ◉ 补充要点

组角设备

铝合金门窗组角设备主要有单头组角机、双头组角机、四头组角机。

↑ 单头组角机

单头组角机由液压系统控制，配置多点组角刀，能调节上下组角刀的距离，但一次只能组装一个门窗角。

↑ 双头组角机

双头组角机能避免组角过程中产生变形，使窗角连接更牢固，且一次可同时组装两个门窗角。

← 数控四头组角机

数控四头组角机自动化水平高，组角刀前后左右调整方便，适用于不同型材，可以一次完成四个角的角码式冲压连接，生产效率较高。

7.1.3 涂胶

所有机械组角都需要注入胶黏剂，胶黏剂不仅具有黏接作用，还具有密封作用。

涂胶工序应在机械组角之前进行，首先，将双组分胶黏剂混合后，通过打胶器均匀涂抹在角码和型材内腔处。然后，将角码插入型材内腔，并在胶黏剂有效时间内完成固定。最后，清理直至胶黏剂完全固化。

为了黏接牢固，需要在涂抹胶黏剂的部位施加压力，使胶黏剂分布均匀，但是要控制压力，压力太大会使胶黏剂被挤出缝隙。

↑ 组角胶

胶黏剂为常温固化的聚氨酯高分子材料，有单组分与双组分两种，其中双组分胶黏剂由黏结剂和固化剂混合而成，在常温条件下30min能固化，若稍作加温可缩短固化时间。

↑ 涂胶加工

门窗用组角胶具有防水性，其耐热性最低为80℃，因而涂胶温度最低为15℃。

7.2 框扇组装

推拉铝合金门窗框扇多采用垂直插接方式组装，边框与中梃之间、中横梃与中竖梃之间采用直角对接，平开铝合金门窗框扇的组装多采用45°角对接。

7.2.1 推拉门窗框扇组装

　　推拉铝合金门窗框、扇的组装多为直角插接组装，插接件之间应放置柔性垫片，用自攻螺钉通过边框上的孔拧紧固定。

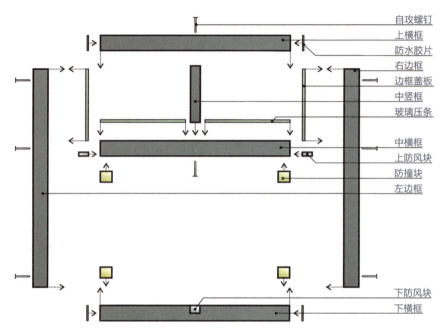

↑ 铝合金门窗框组装示意图

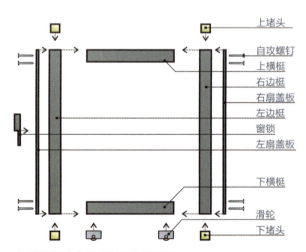

↑ 推拉铝合金门窗扇组装示意图

7.2.2 平开窗框扇组装

平开铝合金门窗的扇组装通过组角工艺完成，中梃组装采用直角连接。预先加工好榫头和榫槽，采用直角角码组装，采用螺钉和销钉固定。

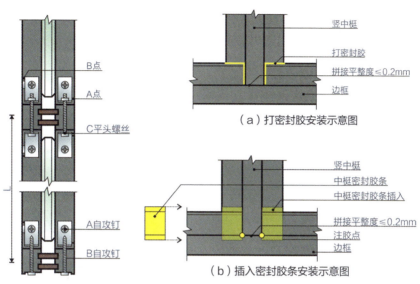

↑ 中竖梃与中横梃、边框的连接点示意图

自攻螺钉A应固定玻璃一侧，自攻螺钉B应竖固紧致，不能出现自攻螺钉遗漏的现象，中梃拼接后，其拼接缝隙A点和B点≤0.5mm、拼接面平整度≤0.3mm。

（a）打密封胶安装示意图

（b）插入密封胶条安装示意图

↑ 边框与中竖框连接（T形连接）示意图

中梃与外框、中横梃与中竖梃之间的尺寸允许偏差值为±0.5mm，应在隔热条外侧铝框拼接处打胶，并安装20mm长的中梃密封胶条。

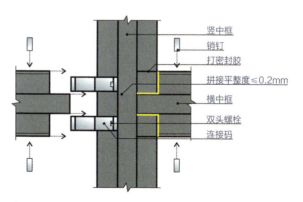

↑ 中横框与中竖框连接（十字连接）示意图

7.3　框扇密封

　　铝合金门窗的框扇密封是指框与扇之间的密封，密封要满足门窗的气密性、水密性、保温性、隔声性等要求。框扇间的密封形式主要为挤压式密封和摩擦式密封。

7.3.1　挤压式密封

　　挤压式密封通过框与扇间压力使密封材料被挤压变形，密封条为鸭嘴胶条。

　　中间密封常用于断桥铝合金门窗，通过增加中间密封胶条，将框扇间空腔分为两个腔室，内侧为气密腔室，外侧为水密腔室。密封胶条角部接头应采用45°对接，对接处采用密封胶粘贴。

（a）平开门窗边缘密封条　　　　（b）上部中间密封条　　　　　（c）下部中间密封条

↑ 密封条

　　密封条在外侧腔室形成等压腔，提高门窗的水密性能、气密性能、隔声性能，中间密封胶条将框扇间的一个腔室分隔成两个腔室，延续了框扇间的隔热桥，提高了门窗的保温性能。

7.3.2　摩擦式密封

　　摩擦式密封适用于推拉门窗的平面窄缝。要提升推拉门窗的密封效果，可以采用门窗扇提升推拉结构。当门窗扇开启时，要先提升再推拉，这样就不会对密封条产生磨损。

（a）框密封条 （b）扇密封条

↑ 安装摩擦式密封条门窗框

推拉门窗左右推动时的力量不能太大，否则会对密封条造成磨损，间隔2～3年左右就应更换密封条，可以选用背面带有3M胶的产品。

┌─◎补充要点──────────

门窗组装构造要求

（1）铝合金门窗构件之间的连接应当牢固，紧固件不应直接固定在隔热材料上。为防止门窗构件接缝间渗水、漏气，接缝应采用密封胶处理。

（2）门窗开启扇与框间的五金件位置安装应准确，牢固可靠，多锁点五金件的锁闭点位置偏差不应大于3mm。

（3）铝合金门窗框、扇搭接宽度应均匀，密封条压合均匀，门窗扇装配后启闭应灵活，无卡滞、噪声，开关力应小于50N。

7.4 玻璃镶嵌

玻璃是铝合金门窗的重要组成构件，玻璃镶嵌是铝合金门窗组装的最后工序，包括玻璃裁切、玻璃安装、玻璃密封等。

7.4.1 玻璃裁切

裁切玻璃时应精确计算尺寸，要在玻璃侧、上、下部与金属面留出2mm左右间隙，适应玻璃膨胀变形。

（a）玻璃原料

（b）切割加工

↑ 玻璃工厂裁切加工门窗玻璃

铝合金门窗企业一般不生产或加工玻璃，玻璃均为采购，因此只需要对尺寸精确测量后交给玻璃生产或加工企业。

7.4.2　玻璃安装

玻璃与铝型材之间的硅酮密封胶黏结宽度不小于7mm、黏结厚度不小于6mm。硅酮密封胶的粘贴宽度宜大于厚度，但不宜大于厚度的2倍。

1. 镶嵌装配

如果单块玻璃尺寸较小，可人工双手安装。如果单块玻璃尺寸较大，应当使用玻璃吸盘吸紧后再安装。玻璃应放在铝合金型材凹槽中间，底部预先放置垫块，避免玻璃直接底部边框接触。

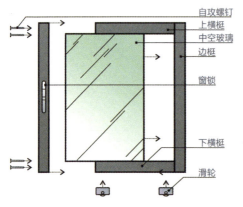

← 窗扇玻璃安装示意图

安装玻璃时，先从窗扇的一侧将玻璃装入窗扇内侧，然后将边框连接并紧固好。

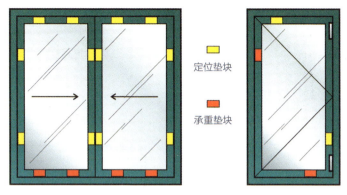

定位垫块

承重垫块

↑ **玻璃垫块示意图**

玻璃不能直接与金属面接触，玻璃的下部应用支承垫块和定位块
将玻璃垫起，垫块的厚度则应根据采用的密封材料及玻璃厚度的
不同而进行调整。

2. 装配构造

（1）门窗框扇杆件间的连接构造应当牢固可靠，人接触的部位应当平
整，避免门窗框扇意外松脱而掉落砸伤过往行人。

（2）设置童锁、防坠落、防夹手、防雷等安全装置，确保使用安全。

↑ **带童锁功能的纱窗**

金刚网纱窗的网面坚硬，
搭配童锁能够起到不错的
防护效果，纱窗可以防蚊
虫叮咬。

↑ **阳台窗全封闭式防盗网**

加强阳台、窗户的防护是
阻止儿童高空坠落事件
的有效措施，如隐形防盗
网、传统防盗网、带童锁
功能等，安全性能好，也
不会影响美观。

↑ **门缝防夹手保护条**

门缝防夹手保护条安装简
单，黏贴遮挡住门缝即
可，简单有效。

（3）设置功能装置。在门窗框向外延伸出通风板，利用通风板上的微小
通风孔实现微通风。安装防蚊纱门或纱窗，能有防蚊虫鼠蚁。门窗下框底部

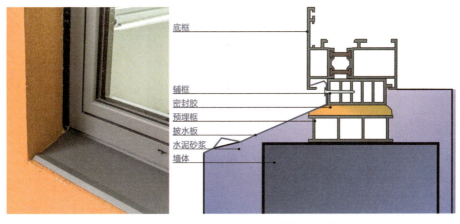

（a）安装效果	（b）披水板系统示意图

↑ 门窗披水板

披水板与铝合金窗户的颜色、材质一致，整体美观，披水板对外侧窗台进行全包裹防护，下雨天气可以引导水流远离外侧窗台，保护窗台处墙体不受雨水侵蚀。

安装披水板，能防止雨水与下框直接接触而导致下框霉变、变形。

（4）门窗附件、五金配件应当方便更换、维修。五金配件长期承受荷载，门窗反复启闭，应方便更换。

（5）门窗下框不宜开设贯通型安装孔，否则容易造成门窗下框底部漏水而发霉。

（6）隐框构造的玻璃下端应设置不少于两个铝合金或不锈钢托条，托条与玻璃之间应设置柔性垫片。中空玻璃托条应能托至外片玻璃。

3. 装配质量

门窗框、扇杆件之间连接牢固，装配间隙应当密封。紧固件就位平正，并按设计要求进行密封处理。门窗锁具与附件应当安装牢固，开启扇的五金配件操控灵活。

综合所述，门窗扇必须安装牢固，开关灵活、关闭严密；推拉门窗必须有防脱落措施；橡胶密封条或毛毡密封条应安装完好，不脱槽。门窗配件安装应牢固，位置应正确。门窗框与墙体之间的缝隙应采用密封胶密封，表面应光滑、顺直、无裂纹。

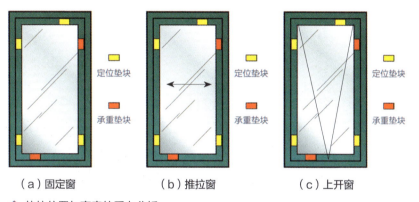

┏ ◉ 补充要点 ━━━━━━━━━━━━━━━━━━━━━━━━━━━━

玻璃垫块

玻璃垫块为聚氯乙烯或聚乙烯材料，其规格为：长100mm、宽20mm，厚度分别为2mm、3mm、4mm、5mm和6mm五种规格。

1. 基础垫块。安装于框架底边，螺钉固定。

2. 承重垫块。将玻璃重量合理分配到扇框上，并起到校正作用。

3. 定位垫块。防止玻璃与扇框直接接触，防止玻璃在扇框槽内滑动，减缓门窗开关时的震动。

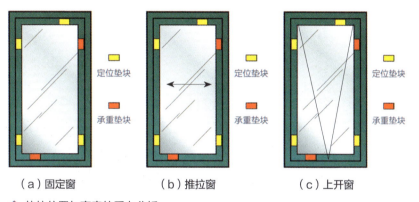

（a）固定窗　　　　　（b）推拉窗　　　　　（c）上开窗

↑ 垫块位置与窗扇的受力分析

（a）安装固定窗，承重垫块和定位垫块的位置应距离边角约150mm处。
（b）安装推拉窗，承重垫块和定位垫块的安装位置距边角不应小于50mm。
（c）安装上开窗，当框架铰链位于下部50mm和距离边角约150mm处，承重垫块和定位垫块的位置应与铰链安装位置一致，不能堵塞排水孔和通气孔。

7.4.3 玻璃密封

玻璃安装完毕后要进行密封，主要有胶条密封和密封胶密封两种方式。

1. 胶条密封

用橡胶条镶嵌密封，表面不再采用密封胶，接口处应加注胶密封。这样虽然更换玻璃方便，但是密封不严密。

2. 密封胶密封

密封胶密封前应用厚2～3mm的塑料垫片将玻璃与边框之间固定，然后在玻璃槽间隙中注入硅酮密封胶。塑料垫片长度不应小于50mm，高度应比槽口或凹槽深度小3mm，厚度2～3mm不等，填塞玻璃与框架之间的缝隙。塑料垫片间距不应大于500mm，塑料垫片位置不能与支承块、定位块位置相同。

↑ 使用密封胶条固定窗玻璃

密封胶条的规格是影响推拉门窗水密性能的重要因素，胶条规格过大会造成安装困难。

↑ 使用密封胶固定窗玻璃

使用密封胶填缝固定玻璃时，应先用塑料垫片将玻璃挤住，留出注胶空隙，且注胶深度应不小于5mm。

7.5 五金配件安装

铝合金门窗的五金配件一般在工厂内预先组装完成，五金件都应齐全、配套，安装后牢固可靠、使用灵活。

7.5.1 滑轮安装

在每件窗扇下的横梁两端各装一只滑轮，将滑轮放进下横梁的端底槽内，让滑轮框上有调节螺钉的一侧向外，且该面与下横梁外部平齐。在下横梁底槽板上钻两个孔，用螺钉将滑轮固定在下横梁内。

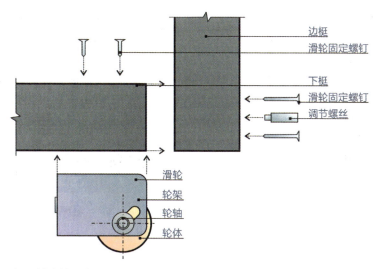

↑ 滑轮安装示意图

先将滑轮从底部安装至门窗扇下梃，再将下梃安装至边梃上，用螺钉固定，并对调节螺丝进行微调，保证滑轮高度。

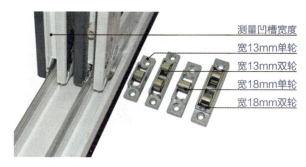

↑ 滑轮的测量尺寸

测量门窗轨道间距来选择型号合适的滑轮，在门窗滑道间距基础上增加2mm即为滑轮的合理尺寸，过宽将会导致无法安装。

7.5.2　门窗锁安装

1. 月牙锁

月牙锁的款式繁多，广泛用于铝合金推拉窗上。优质月牙锁放在手中掂量有沉甸感，外观上较光滑，没有麻点，可灵活自如的180°或360°旋转，且无响声，背面多为弹簧结构等。

↑ 测量定位

先仔细测量窗户实际尺寸，再购买合适尺寸的月牙锁，最后选择合适的安装位置测量好安装孔距。

↑ 钻孔

使用电钻在测量好的安装位置打孔。

↑ 对齐固定

将月牙锁的孔洞与窗框上的孔洞对齐，放上配套的螺丝，最后用螺丝刀将螺丝拧紧，固定好月牙锁，另一边再用同样的方法安装。

↑ 检验安装效果

安装完成后，尝试闭合窗户，查看是否能够正常使用。

2. 钩锁

钩锁安装在门窗扇边梃的中间位置，距离地面高度约为1300mm，锁孔的位置正对锁内钩处。

↑ 钩锁

钩锁在外观上观察比较简约，构造不外凸，可选择带钥匙的钩锁较为安全。

↑ 钩锁安装效果

安装完成后，门窗的外部平整，不影响开关，适用于推拉门窗。

第8章

铝合金门窗安装
施工

学习难度　　★★★★☆

重点概念　　安装框扇、洞口处理、验收保养、案例

章节导读　　本章节将会通过详细的图文讲解，介绍并分析铝合
　　　　　　金门窗的安装步骤与细节，让读者更好了解、学习
　　　　　　铝合金门窗安装方法。

↑ 铝合金门窗安装效果

　　铝合金外门窗质量控制，应满足密闭要求、框扇结构要求、保温隔热要求、安全技术要求四大关键点。

8.1　安装施工准备

　　铝合金门窗安装是指施工员将组装好的成品门窗固定至墙体洞口上，施工质量对门窗性能有重要影响。

8.1.1　施工员要求

　　施工员要预先识读施工图纸与施工方案说明，具有良好的心理素质，能应对高空作业，具有强烈的安全防范意识，并备好齐全工具。

8.1.2　安装位置

1.　门窗洞口检查

　　门窗洞口标志宽度（W）、标志高度（H），指标注门窗洞口水平、垂直方向距离。安装施工员会同建筑施工员根据设计图纸，检查洞口的位置和尺寸。如果发现现场的构造尺寸与设计图纸不符合或偏差过大，应进行修整。建筑门窗预留洞口尺寸与门窗框尺寸之间的关系见表8-1。

表8-1　洞口尺寸与门窗框尺寸关系　　　　mm

饰面材料	洞口尺寸		
	洞口宽度	窗洞高度	门洞口高度
清水墙	门窗框宽度+20	门窗框宽度+20	门框高度+20
水泥砂浆	门窗框宽度+40	门窗框宽度+40	门窗框宽度+30
饰面砖	门窗框宽度+50	门窗框宽度+60	门框高度+40
石材	门窗框宽度+80	窗框宽度+80	门框高度+50

　　逐个检查门窗洞口尺寸，核对所有门窗洞口尺寸与门窗框的规格尺寸是否相适应，门窗洞口尺寸允许偏差见表8-2。

表8-2　门窗洞口的尺寸允许偏差　　　　　mm

项目	洞口高度、宽度	洞口对角线长度差	洞口侧边垂直度	洞口中心线与基准轴线偏差	洞口下平商标高
允许偏差值（L）	±5	±10	$2/1000 \leqslant L \leqslant 2.0$	≤5	±3

2. 确认安装基准

（1）**标记安装基准线。**从室内地面基准向上，在高度600mm或900mm处弹出水平线，另外墙面弹出垂直线间距1200mm或2400mm，以此作为门窗框安装标准。

（2）**标记门窗口边线。**在建筑外墙最高层找出门窗口边线，并在每层门窗口处划线标记，对于少数不平直的洞口边缘应当剔凿处理。

（3）**找准垂直线。**门窗洞口的水平位置应以每层楼地面高度900mm水平线为基准，往上量出窗洞下边缘的标高，弹线找直。

（4）**确定墙体中的安装位置。**确定铝合金门窗在墙体中的位置，如果外墙厚度有偏差，应保持同一房间内窗台板尺寸统一。

↑ 修饰门窗洞口边框

采用铝合金靠尺修饰门窗洞口边框，确保水平与垂直度，采用1：2水泥砂浆找平。

↑ 洞口室内侧抹灰暂时不收平

采取湿法安装时，室内侧墙面抹灰的收口可暂缓施工，带门窗基础框架安装完毕后再采用1：2水泥砂浆找平，能覆盖室内侧的各种缝隙。

3. 检查预留孔洞或预埋件

逐个检查门窗洞口四周的预留孔洞或预埋件的位置、数量，查看是否与铝合金门窗框上的连接铁脚匹配。

8.1.3 材料要求

检查并核对铝合金门窗的规格、型号、数量、开启形式等。型材与五金配件要配备齐全，备好安装时所使用的防水密封胶、防锈漆、水泥砂浆、填缝材料等各种耗材，这些材料用量应提前计算好，一次性采购到位。各种建材与耗材应堆放整齐，避免因磕碰而造成损坏。

↑ 泡沫填充剂

泡沫填充剂是铝合金门窗安装的必备辅材，用于填充并黏贴铝合金边框与周边墙体的缝隙。

↑ 填充缝隙

缝隙填充宽度可达20mm，填充后发泡程度大，能迅速膨胀向外溢出。

→ 切除边缘

泡沫填充剂施工完毕后，待48h后完全干固，再用美工刀裁切溢出的余料，对于裁切面，室外可采用聚氨酯密封胶修饰，室内可以根据内墙装饰构造选用硅酮玻璃胶或防水腻子修饰。

8.1.4 设备准备

铝合金门窗安装前应检查安装所需的机具设备、安全设施等，要求齐全可靠。

主要机具包括切割机、小型电焊机、电钻、冲击钻、玻璃吸盘机、电焊机等。常用工具包括线锯、手锤、扳手、螺丝刀、射钉枪等。计量检测用具包括托线板、线坠、水平尺、钢卷尺、墨线盒等。

8.1.5 现场作业条件

在铝合金门窗框上墙安装前，应核对确定门窗洞口的位置、尺寸、施工质量。检查预埋件的数量、尺寸无误。

铝合金门窗、配件、辅助材料已全部运到施工现场，数量、规格、质量应当完全符合设计要求。

8.1.6 门窗及框扇装配尺寸

门窗尺寸允许偏差应符合表8-3的规定。

表8-3　门窗及框扇装配尺寸偏差　　　　　mm

项目	尺寸范围	允许偏差		检测方法
		门	窗	
门窗宽度、高度构造尺寸	≤2000	±1.5		钢卷尺测量框扇
	>2000~3500	±2.0		
	>3500	±2.5		
门窗宽度、高度构造尺寸对边尺寸差	≤2000	≤2.0		钢卷尺测量窗框扇组件，取公称尺寸差距大的数据
	>2000~3500	≤2.5		
	>3500	≤3.0		
对角线尺寸差	≤2500	3.0		钢卷尺测量对角线，计算两对角测量值之差
	>2500	4.0		

项目	尺寸范围	允许偏差		检测方法
		门	窗	
门窗框与扇搭接宽度	—	±2.0	±1.0	深度尺或游标卡尺测量框与扇搭接部位
框、扇杆件接缝高低差	相同截面型材	≤0.4		深度尺的测量型材表面高低差
	不同截面型材	≤0.5		
框、扇杆件装配间隙	—	≤0.4		塞尺插入装配间的缝隙，保持松紧适度，测构件间的缝隙宽度

8.2　铝合金门窗框安装

铝合金门窗框在墙体上安装要经过立框与连接锚固、墙体缝隙处理等过程。

8.2.1　立框与连接锚固

根据门窗洞口上弹出的位置线，将门窗框树立起来，安放在已经测量好的位置中心处内侧，铝合金门窗框安装有干法安装和湿法安装两种安装形式。

1. 干法安装

干法安装采用金属附框，安装应在门窗洞口、墙体抹灰施工前完成。

金属附框与铝合金门窗框连接的宽度不应小于30mm，金属附框采用固定片与洞口墙体连接固定，固定片为厚度不小于2mm，宽度不小于30mm的镀锌钢板。金属附框固定片距角部距离不大于200mm，相邻两固定片中心距不大于1000mm，固定片与墙体固定点的中心位置至墙体边缘距离不小于50mm。

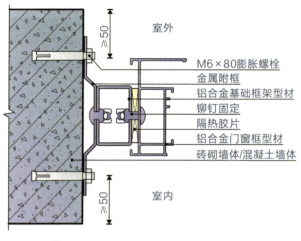

↑ 干法安装构造

金属附框连接固定牢固可靠，金属附框内缘应与洞口抹灰后的洞口装饰面齐平，金属附框宽度、高度尺寸偏差、对角线允许尺寸偏差应符合表8-4规定。

表8-4　金属附框尺寸允许偏差　　　　　　　　mm

项目	金属附框的高、宽尺寸	对角线差值
允许偏差	± 4.0	± 5.0
检测方法	钢卷尺检查	

2. 湿法安装

湿法安装应当在洞口、墙体抹灰湿作业后完成。

铝合金门窗框与洞口墙体采用固定片连接固定，固定片距门窗洞口角部距离不大于200mm，相邻两固定片中心距不大于1000mm。固定片与铝合金门窗框连接采用卡槽连接，与无槽口铝合金门窗框连接时，可采用自攻螺钉或抽芯铆钉，钉头处应密封。

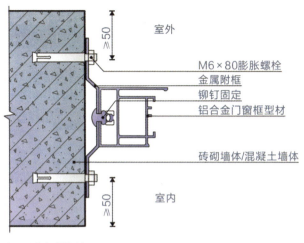

↑ 湿法安装构造

右侧标注（自上而下）：
M6×80膨胀螺栓
金属附框
铆钉固定
铝合金门窗框型材
砖砌墙体/混凝土墙体

8.2.2　墙体缝隙处理

铝合金门窗框固定好后，应及时处理门窗框与洞口墙体间的缝隙，采用聚氨酯泡沫填缝剂填充。

首先，在施工前应对填充部位进行除尘。然后，注入聚氨酯泡沫填缝剂。接着，对固化后的聚氨酯泡沫胶削切平整。最后，采用硅酮密封胶对铝合金门窗框与墙体间的内外缝进行密封处理，胶缝截面采用凹三角形。

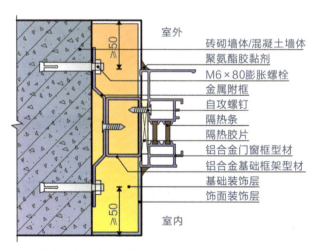

↑ 铝合金门窗填塞周边缝隙示意图

右侧标注（自上而下）：
砖砌墙体/混凝土墙体
聚氨酯胶黏剂
M6×80膨胀螺栓
金属附框
自攻螺钉
隔热条
隔热胶片
铝合金门窗框型材
铝合金基础框架型材
基础装饰层
饰面装饰层

门窗框与洞口墙体安装的间隙是铝合金门窗容易出现漏水的部位，可以采用高分子防水渗透剂喷涂，对门窗安装洞口外围全部喷涂防水渗透剂。

8.3　铝合金推拉门窗开启扇安装

铝合金门窗开启扇安装，应在室内外装修完成后进行，避免玻璃被破坏。安装前，首先将窗框内子、水泥、石灰等杂物、酸碱性腐蚀物清理干净，检查门窗扇上的密封胶条或毛条有无少装或脱落。如有脱落现象，可以用免钉胶黏接。

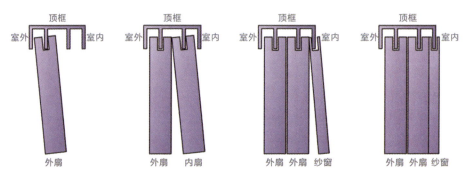

↑ 推拉门窗开启扇安装示意图

将装配好的门窗扇分外扇、内扇、纱窗，在室内安装时，先将外扇插入上滑道外槽中，自然下落于对应的下滑道的外滑槽中，再将内扇与纱窗依次安装。

← 推拉门窗开启扇安装

滑道与门窗扇重合高度不小于10mm，门窗扇上端与上滑道平行空隙不得大于7mm，以确保安全不掉扇、推拉不受阻，气密性最佳。安装内扇，然后安装配套的防盗块、防撞块等辅件。

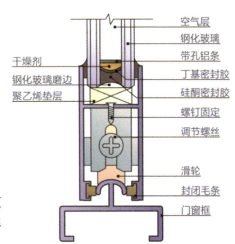

空气层
钢化玻璃
带孔铝条
干燥剂
钢化玻璃磨边
聚乙烯垫层
丁基密封胶
硅酮密封胶
螺钉固定
调节螺丝
滑轮
封闭毛条
门窗框

→ 调整滑轮高度

对于可调滑轮，应在门窗扇安装
之后调整滑轮，调节门窗扇在滑
道上的高度，并使门窗扇与边框
间平行。

8.4 铝合金门窗工程验收

铝合金门窗在安装前应进行严格验收，确保安装施工质量。

8.4.1 产品保护

安装前应仔细检查铝合金门窗的保护膜是否有缺损，对于缺损部分补贴保护膜。铝合金门窗安装完毕后，尽快剥去门窗上的保护膜，并防止撞击，防止利器划伤门窗表面，避免损坏门窗，尽快验收。

（a）保持保护膜　　　　　　　　　（b）揭开保护膜

↑ 铝合金门窗的框架保护膜

铝合金门窗在安装施工过程中不能损坏门窗上的保护膜，如不慎在安装时粘上了水泥砂浆，应及时擦拭干净，以免腐蚀铝合金门窗。

安装过程，应当尽快揭开保护膜，防止被太阳暴晒后难以清除。

8.4.2 验收规定

1. 检查文件和记录

在中大型铝合金门窗工程中，安装施工完毕后应由施工单位通知监理单位与建设单位验收，并制作验收文件，记录表见表8-5~表8-7。

表8-5 铝合金门窗验收记录表

工程名称：　　　　　　　　　　　数量：　　　　规格型号：

检验项目	技术要求	实测结果	结论
下料	长度 ±0.5mm		
	端面与侧面不垂直度≤0.1mm		
	角度 ±0.2°		
型材壁厚	窗≥1.4mm；门≥2.0mm		
外观	平滑，无色差、裂纹、气泡、无影响外观的擦划伤，无铝屑、毛刺，连接处无外溢胶黏剂		
水槽孔	平开窗应在下方距滑撑100mm开排水槽缺口，长度为10~15mm；推拉窗排水槽孔距端部200mm		
锁孔	五金配件安装处开孔以五金配件尺寸规格为准，使用不变形为宜		
端铣	型材端部拼装铣缺误差为±0.2mm，铣面应无飞边、毛刺		
	门窗中梃加装位置划基准线		
门窗组角	≤2000mm，±2mm；>2000mm，±3mm		
	对角线之差 ±4mm		
	相邻构件平面高度差≤0.5mm		
	型材断面组角要涂抹同色硅酮密封胶，涂抹均匀，组角成形后表面余胶要清除干净		
门窗组装	核对装配方向与拼接方向		
	推拉窗在拼装前预加防水垫片		

检验项目	技术要求	实测结果	结论
门窗组装	组角内角、中梃接角处涂抹同色硅酮密封胶，装配滑撑前，必须先对滑撑位置的内涂胶厚再安装滑撑		
	拼接处平面高低误差小于0.2mm，拼接处间隙小于0.2mm		
	门窗框、门窗扇相邻件装配间隙≤0.3mm		
	门窗框、门窗扇搭接量，窗1mm，门2mm		
五金件安装	位置正确，牢固齐全，开启灵活，便于更换		
密封条、毛条装配	装配应均匀、牢固，接口严密，无脱槽、收缩、虚压等现象		
压线装配	装配应牢固，高低差≤0.3mm，长度差≤0.3mm，不得在一边使用两根压线		
玻璃安装	推拉扇打胶前对窗扇对角线、压线检查		
	玻璃胶要求粗细均匀，外形美观，无断胶、脱胶、气泡等现象		
开关力	开关力平开窗≤80N		
	推拉窗：推拉窗≤100N上下推拉窗≤150N平开窗：平合面≤80N摩擦铰链40~80N		

检验：　　　　　　校对：　　　　　　日期：

验收时应检查下列文件和记录：

（1）门窗工程的施工图、设计说明等其他设计文件。

（2）门窗的抗风压性能、水密性能、气密性能复验报告。

（3）铝型材、玻璃、密封材料、五金配件等材料的产品质量合格证书，性能检测报告，进场验收记录和复验报告。

（4）隐蔽窗用的结构胶相容性试验合格报告。

（5）门窗框与洞口墙体连接固定、防腐、缝隙填塞及密封处理、防雷连接等隐蔽工程项目验收记录。

（6）门窗产品质量合格证书。

（7）铝合金门窗安装施工自检合格记录。

表8-6 铝合金门窗下料工序质检记录表

抽检时间	抽检材料名称、规格	首检	工序检验	检验标准	抽检数量	实测结果	合格数量	存在问题	解决方法
				1. 长度 ± 1mm； 2. 角度 ± 0.1°； 3. 截面垂直度 ± 0.5mm； 4. 下料端面平整，无毛刺					

检验： 校对： 日期：

表8-7 铝合金门窗槽孔工序质检记录表

抽检时间	抽检材料名称、规格	首检	工序检验	检验标准	抽检数量	实测结果	合格数量	存在问题	解决方法
				1. 平开窗应在下方距滑撑对角的内角100mm开排水槽，长度为20～25mm，推拉窗排水槽孔距端部200mm； 2. 五金配件安装处开孔以五金配件尺寸规格为准； 3. 滑撑位置端铣面应平整，长度比滑撑长5mm					

检验： 校对： 日期：

↑ 铝合金门窗产品质检报告

↑ 铝合金门窗玻璃质检报告

铝合金门窗验收内容与方法见表8-8。

表8-8 铝合金门窗验收内容与方法

序号	内容	方法
1	品种类型、规格尺寸、性能、开启方向、安装位置、防腐处理、填嵌、密封处理方法	观察，测量，查看质量合格证、检测报告，检查隐蔽工程验收记录
2	铝型材壁厚及表面处理、玻璃的品种、规格、颜色、附件质量	观察，仪器检查，查看验收记录、检测报告
3	门窗框和副框安装牢固，预埋件及锚固件的数量、位置与框的连接方式	手扳检查，查看隐蔽工程验收记录
4	门窗扇安装牢固，开关灵活，关闭严密，推拉门窗扇须有防脱落装置	观察，开启和关闭检查，手动检查
5	门窗配件的型号、规格、数量，安装牢固，位置正确，功能	观察，开启和关闭检查，手动检查

2. 验收外观及表面质量

（1）产品表面应洁净、无污迹，铝合金型材、玻璃表面应无明显色差、凹凸不平、划伤等。

（2）镶嵌密封胶缝应连续、平滑，不应有气泡等缺陷，密封胶缝应密实、平整，不应有外溢胶黏剂。

（3）密封胶条应平整连续，转角处应镶嵌紧密，不应有松脱凸起，接头处不应有收缩缺口。

（4）框扇铝合金型材表面允许轻微擦伤、划伤可采用相应的方法进行修饰，修饰后应与原涂层颜色基本一致（表8-9）。

表8-9 门窗框扇铝合金型材允许轻微的表面擦伤、划伤要求

项目	室外侧要求	室内侧要求	解析
擦伤、划伤深度	不大于表面处理层厚度		室外侧、室内侧擦伤、划伤深度应不大于表面处理层厚度
擦伤总面积（mm²）	≤500	≤300	
划伤总长度（mm）	≤150	≤100	
擦伤和划伤处数	≤5	≤4	

8.4.3 质量检测形式与规格

铝合金门窗质量检测的立面形式及规格见表8-10和表8-11。门窗立面尺寸、立面开启构造形式应根据室内空间使用需求确定。

表8-10　铝合金门立面形式与规格　　　　　　　　mm

序号	门立面构造尺寸	适用门型	功能结构要求
1	2000 / 850 / 单扇平开	合页平开门（PM）弹簧平开门（THM）地弹簧平开门（DHM）	单扇门的最大宽度不宜超过1000mm，最大高度不宜超过2400mm；门向内或向外开启，地弹簧门可双向开启；弹簧门装有弹簧合页，开启后会自动关闭
2	2000 / 1750 / 双扇平开	合页平开门（YPM）弹簧门（THM）地弹簧门（DHM）	双扇平开门中只有一扇门可向内或向外开启，其他类型门皆可单向或双向开启
3	2000 / 1750 / 双扇推拉	推拉门（TM）提升推拉门（STM）推拉下悬门（XTM）折叠推拉门（TZM）	推拉类双扇门的最大宽度不宜超过2000mm，最大高度不宜超过2400mm；两扇门皆可左右推拉移动开启；提升推拉门通过转动执手控制门扇升降，实现门扇的固定和启闭；推拉下悬门采用推拉和下悬的开启方式；折叠推拉门能折叠推拉开启

表8-11　铝合金窗立面形式与规格　　　　　　　　mm

序号	窗立面形式和宽、高构造尺寸	适用窗型	功能结构要求
1	 单扇平开	平开窗（PC） 滑轴平开窗（HZPC）	平开带合页窗扇最大宽度不宜超过600mm，最大高度不宜超过1400mm；其带滑撑的窗扇最大宽度不宜超过800mm，最大高度不宜超过1600mm；滑轴平开窗窗扇最大开启角度为90°
2	 平开悬开	内平开窗（PC） 平开下悬窗（PXC） 上悬窗（SXC） 下悬窗（XXC） 滑轴上悬窗（HSXC）	内平开窗占室内部分空间；平开下悬窗既有内平开窗开启，也可下悬开启，即窗下部不动，上部向室内倾斜；上、下悬窗的合页分别装于窗上、下侧，前者双向开启，安全通风，后者向内开启，通风但不防雨，仅用于室内亮窗或换气窗；滑轴上悬窗可上悬开启，窗扇最大开启角度为90°

序号	窗立面形式和宽、高构造尺寸	适用窗型	功能结构要求
3	 2000 1750 推拉	推拉窗（TC） 推拉下悬窗（XTC） 平开推拉窗（PTC） 提升推拉窗（STC）	推拉单扇窗的最大宽度不宜超过1000mm，最大高度不宜超过2000mm；推拉下悬窗的窗扇可左右平移开启，也可下悬开启；平开推拉窗窗扇可实现内平开或外平开，也可左右平移开启；提升推拉窗扇窗需先垂直向上升起一定高度后水平移动开启
4	 2000 850 提拉	提拉窗（TLC）	提拉窗采用上下提拉的开启方式，安全系数高，视角开阔，节能保温、防尘降噪及抗风压性能优良

8.5 门窗维护与保养

铝合金门窗安装完毕后，应进行必要的维护和保养。

8.5.1 正确使用

1. 推拉门窗开启

开启时，先将执手旋转90°，半圆锁式将手柄旋转180°，再将锁转到开启状态，用手推门窗扇。

关闭时，先推拉门窗扇，使门窗扇关闭到位后，再将执手、窗锁反向旋转关闭门窗扇，保证门窗扇缝隙严密。

2. 平开门窗开启

开启时，先将执手旋转90°开启，再推拉门窗扇。

关闭时，先推拉门窗扇到位，再将执手反转到关闭状态。

3. 内平开下悬窗

开启时，先将执手旋转90°，再拉开执手打开窗扇。

内倒时，先将执手旋转180°，再拉执手打开窗扇。

关闭时，先推拉窗扇到位，再将执手反转到关闭状态。

8.5.2 日常保养

铝合金门窗应在通风、干燥的环境中使用，保持门窗表面整洁，不能与酸、碱、盐等腐蚀性物质接触，在使用过程中应防止锐器对铝合金型材表面碰、划、拉伤。门窗滑槽、传动机构、合页、滑撑、执手等部位应保持清洁，经常清除灰尘，门窗螺钉松动时应及时拧紧。铰链、滑轮、执手等门窗五金件应定期进行检查和润滑，保持开启灵活，无卡滞现象。

↑ 清洗铝合金门窗

铝合金门窗宜用中性的水溶性洗涤剂清洗，不能使用有腐蚀性化学剂，如丙酮、二甲苯等。

↑ 清理铝合金窗排水口

定期检查门窗排水系统，清除堵塞物，保持排水口畅通。

铝合金门窗的密封胶条、毛条出现破损、老化、缩短时应及时修补或更换。胶条有可能出现伸缩现象，此时不能用力拉扯密封胶条，应使其呈自然状态，以保证门窗密封性能。

8.5.3 回访与维护

铝合金门窗工程竣工验收1年后，应对门窗进行一次全面检查，并作好回访检查维护记录。出现问题应立即进行维修、更换，发现门窗安全隐患问题应及时处理。

铝合金门窗保养和维修作业时，严禁使用门窗的任何部件作为安全带的固定物。高空作业时，必须遵守《建筑施工高处作业安全技术规范》（JGJ 80—2016）有关规定。

（a）清理裂缝及无效的密封胶　　　（b）打胶　　　（c）表面涂抹平整

（d）修复较小裂缝　　　（e）修复软基层或较宽裂缝

↑ 窗户防水补漏维修方案

（a）维修人员系好安全带，从顶楼下滑至漏水窗口处，使用工具刀或铲刀将裂缝和密封胶清理干净。

（b）使用结构密封胶将窗户与建筑物结构交界处缝隙全部密封好，包括窗玻璃与铝合金的交界处缝隙。

（c）打好的密封胶应厚薄均匀，之后即刻用手指抹平，保证表面光滑平整。

（d）涂刷第一遍防水涂料，此时防水涂料不宜太稠，避免基层因吸收不当而粘接不牢固。待第一遍防水完全干透后，即可铺玻纤布网格，此时涂刷第二、三遍防水涂料，如果发现有空鼓部位，应立即使用工具刀或剪刀剪空鼓部位减掉，并涂刷防水涂料。

（e）将表面清理干净，将堵漏剂搅拌至黏稠状迅速填补上去，抹平即可，基面混凝土质量较差或凹凸不平的软基层应用铲子清理干净。

8.6 阳台铝合金门窗安装案例

8.6.1 安装案例一

现在商品房住宅都会附送相当面积的阳台，采用铝合金型材封闭阳台后往往能够获得可观的室内空间。

选购品牌商家比选购昂贵的门窗更重要。具有实力的品牌门窗商家都拥有技术娴熟的施工员，他们的工作量饱和，安装经验丰富，能轻松应对各种安装问题，即使质量一般的门窗产品，也能调试得非常出色。

↑ 准备安装工具

安装施工工具电钻，用来钻孔、安装固定铝合金窗的，如果在混凝土墙地面施工，还需要使用电锤，钻孔力度更大。

↑ 检查型材包装

注意检查铝合金窗型材的包装是否完好，没有包装贴纸的型材是不合格的，后期安装好后会有许多划痕，影响美观。

↑ 裁切再加工

成品铝合金型材都在工厂加工，运到施工现场后还需要根据具体尺寸进行少量裁切。

↑ 安装竖向框架

将裁切好的型材放到需要安装的位置，检查型材尺寸长度是否合适，过长或者过短都不合格。

↑ 垂线校正

阳台窗框架安装应当随时校正水平度与垂直度，避免丝毫歪斜。初步安装后还应当使用铅垂线检查并校正框架的垂直度。

↑ 固定竖向框架

经过校正后，采用螺钉将铝合金框架固定至现有金属栏杆或墙体上。

↑ 安装横向框架

将横向型材摆放至安装位置，采用电锤钻孔，注意孔洞与边缘之间应保持60mm以上，避免破坏阳台混凝土楼板与框架边缘。凿取孔距为600～800mm，确保每组窗框在上、下边各有2个固定点，主体框架安装采用螺钉固定，保持构造平整度与垂直度。

↑ 安装玻璃

将约3mm厚的氯丁橡胶垫块垫于凹槽内，目的在于避免玻璃直接接触框扇，然后安放好窗玻璃，使用螺钉临时固定，方便后期打胶水。

↑ 安装玻璃

仔细检查安装是否正确，确认安装无误后，在窗玻璃四周打上中性玻璃胶。待胶水自然晾干后，取出螺钉，避免窗户经过长时间使用后，热胀冷缩，磨损甚至挤破窗玻璃，减少窗户使用寿命。

↑ 填充防水密封胶

玻璃安装完毕后，用抹布清理表面灰尘，在缝隙处打上聚氨酯密防水密封胶。打胶的过程保持匀速，尽量在门窗的两面施打密封胶，窗户的内部及外部缝隙都要打胶。

↑ 填充发泡胶

在周边缝隙处填充聚苯乙烯发泡胶，发泡胶注入应当有一定深度，宽度应<80mm，让其自动膨胀。注意对于边缘缝隙宽度在30mm以内的可以采用发泡剂来填充；如果大于30mm，则需要采用水泥板等复合板材填充后，再打发泡剂。

↑ 裁切修边

待发泡胶充分膨胀并干燥后，采用美工刀修整。缝隙可根据需要做进一步装饰，如刮腻子后涂饰乳胶漆，但必须确保无雨水渗漏。

8.6.2　安装案例二

铝合金门窗框的安装是整个铝合金门窗安装流程中的一项，也是不可或缺的一项。门窗框需要固定到墙面或者其他物体上，然后才能安装玻璃、注胶等。

现代铝合金门窗所采用的玻璃多为中空钢化玻璃，自重较大，要求铝合金框架具有一定强度，前期框架安装的目的主要用于玻璃尺寸测量，待玻璃运输到安装现场时应当进一步强化框架，方能继续安装。

↑ 重新校正组装

如果后期运输至安装现场的玻璃与框架尺寸不符，应当将框架部分拆除，根据玻璃尺寸重新组装。

↑ 固定窗框上端和墙顶

在框架和墙顶钻孔，然后使用膨胀螺丝将两者连接牢固。

↑ 加固窗框侧面与墙体的连接

由于中空玻璃自重较大，应当在靠墙外侧增加环形金属连接件，并采用膨胀螺栓固定，强化铝合金框架与墙体之间的紧密度。

↑ 固定窗框下端与栏杆

将安装铁片的一端固定在框架上，另一端固定在阳台栏杆上。

↑ 检查整个框架

框架安装完毕后，走到远处观察框架整体是否歪斜，或用手摇晃，看是否固定牢固了。

↑ 初步安装窗玻璃

安装玻璃时应当轻拿轻放，玻璃与窗框之间要放置橡胶垫片，钢化玻璃是一次性成型产品，避免周边受到挤压与碰撞，一旦破裂容易炸开伤人。

↑ 固定窗玻璃

固定玻璃时，先打螺钉钻孔至窗框上，通过螺钉与窗框之间的缝隙来固定玻璃，尽量减少螺钉的应用，避免伤及玻璃边缘，待打玻璃胶固定妥善后，取下螺钉。

↑ 预留管道孔洞

预留的空调管道孔一般存在于边角，不宜在中空玻璃中央加工钻孔，防止密封不当。

↑ 填充发泡胶

重新校正后的框架应当再次通过发泡胶来固定，发泡胶的膨胀系数较大，一定要超出缝隙空间，保证完全填充，待完全干燥后约48h再用美工刀将多余发泡胶裁切。

↑ 检查排水孔

检查排水孔是否畅通，检查门窗开启、关闭是否顺畅，检查整体密封是否到位，最后安装各种五金件。

↑ 检查窗框贴纸完好且无损坏

对于浅色铝合金型材，安装初期要确保型材上的包装贴纸完整，以防型材受到污染与破损。

↑ 揭开包装贴纸

在安装施工全部完成后3天内必须揭开包装贴纸，且有的部分在安装之后不易揭开，需要在安装时就揭开。

参考文献

[1] 中国国家标准化管理委员会. GB/T 8478—2020 铝合金门窗. 北京：中国标准出版社. 2020.

[2] 张国栋. 门窗及其他工程工程量清单计价应用手册. 郑州：河南科学技术出版社. 2010.

[3] 刘缙. 平板玻璃的加工. 北京：化学工业出版社. 2010.

[4] 朱晓喜，杨安昌. 图解系统门窗节能设计与制作. 北京：机械工业出版社. 2018.

[5] 建筑遮阳及门窗标准汇编. 北京：中国标准出版社. 2018.

[6] 铝合金门窗及其型材. 北京：中国标准出版社. 2013.

[7] 铝合金门窗工程技术规范（JGJ 214—2010）. 北京：光明日报出版社. 2011.

[8] 山东省住房和城乡建设厅. 铝合金耐火节能门窗应用技术规程. 北京：中国建筑工业出版社. 2019.

[9] 住房和城乡建设部标准定额研究所. 建筑门窗系列标准应用实施指南. 北京：中国建筑工业出版社. 2019.

[10] 中国标准出版社第五编辑室. 建筑门窗标准汇编. 北京：中国标准出版社. 2011.

[11] 杨卫东. 门窗工. 北京：中国财政经济出版社. 2019.

[12] 李继业，韩梅，张伟. 门窗、隔断、隔墙工程施工与质量控制要点·实例. 北京：化学工业出版社. 2017.

[13] 山西建设投资集团有限公司. 门窗工程施工工艺. 北京：中国建筑工业出版社. 2019.

[14] 汪泽霖. 玻璃钢原材料及选用. 北京：化学工业出版社. 2009.

[15] 王波，孙文迁. 建筑节能门窗设计与制作. 北京：中国电力出版社. 2016.

[16] 徐志明. 平板玻璃原料及生产技术. 北京：冶金工业出版社. 2012.

[17] 杜继予. 现代建筑门窗幕墙技术与应用. 北京：中国建材工业出版社. 2019.

[18] 李书田. 建筑门窗及施工技术. 北京：中国财富出版社. 2013.

[19] 王炼，张鹏. 门窗制作与安装. 北京：高等教育出版社. 2019.

[20] 杜继予. 现代建筑门窗幕墙技术与应用. 北京：中国建材工业出版社. 2018.

[21] 宋秋芝. 玻璃镀膜技术. 北京：化学工业出版社. 2013.

[22] 阎玉芹，李新达. 铝合金门窗. 北京：化学工业出版社. 2015.